#philosophieorientiert

In der Politik, in der Gesellschaft aber auch im Alltäglichen haben wir es immer wieder mit grundsätzlichen Fragen danach zu tun, was man tun soll, was man glauben darf oder wie man sich orientieren sollte. Also etwa: Dürfen wir beim Sterben helfen?, Können wir unseren Gefühlen trauen?, Wie wichtig ist die Wahrheit? oder Wie viele Flüchtlinge sollten wir aufnehmen? Solche Fragen lassen sich nicht allein mit Verweis auf empirische Daten beantworten. Aber sind die Antworten deshalb bloße Ansichtssache oder eine reine Frage der Weltanschauung? In dieser Reihe zeigen namhafte Philosophinnen und Philosophen, dass sich Antworten auf alle diese Fragen durch gute Argumente begründen und verteidigen lassen. Für jeden verständlich, ohne Vorwissen nachvollziehbar und klar positioniert. Die Autorinnen und Autoren bieten eine nachhaltige Orientierung in grundsätzlichen und aktuellen Fragen, die uns alle angehen.

Bisher erschienene Bände:
Jens Kipper, Künstliche Intelligenz – Fluch oder Segen? | Friederike Schmitz, Tiere essen – dürfen wir das? | Bettina Schöne-Seifert, Beim Sterben helfen – dürfen wir das? | Hilkje Charlotte Hänel, Sex und Moral – passt das zusammen? | Dominik Balg, Toleranz – was müssen wir aushalten? | Johannes Giesinger, Wahlrecht – auch für Kinder? | Jan-Hendrik Heinrichs & Markus Rüther, Technologische Selbstoptimierung – wie weit dürfen wir gehen?

Weitere Bände in der Reihe
http://www.springer.com/series/16099

Jan-Hendrik Heinrichs ·
Markus Rüther

Technologische Selbst-optimierung – wie weit dürfen wir gehen?

 J.B. METZLER

Jan-Hendrik Heinrichs
INM-7: Gehirn und Verhalten
Forschungszentrum Jülich GmbH
Jülich, Deutschland

Markus Rüther
INM-7: Gehirn und Verhalten
Forschungszentrum Jülich GmbH
Jülich, Deutschland

ISSN 2524-468X　　　　　ISSN 2524-4698　(electronic)
#philosophieorientiert
ISBN 978-3-662-65353-1　　ISBN 978-3-662-65354-8　(eBook)
https://doi.org/10.1007/978-3-662-65354-8

Die Deutsche Nationalbibliothek verzeichnet diese Publikation in der Deutschen Nationalbibliografie; detaillierte bibliografische Daten sind im Internet über http://dnb.d-nb.de abrufbar.

Planung/Lektorat: Franziska Remeika
J.B. Metzler ist ein Imprint der eingetragenen Gesellschaft Springer-Verlag GmbH, DE und ist ein Teil von Springer Nature.
Die Anschrift der Gesellschaft ist: Heidelberger Platz 3, 14197 Berlin, Germany

Inhaltsverzeichnis

1

Grundlagen

1.1 Ein Tag im Leben von Sophia

Sophia ist eine engagierte Studentin, die akademisch wie auch politisch hohe Ziele hat. Unter anderem engagiert sie sich als Sprecherin in der umweltpolitischen Hochschulgruppe. Beim abendlichen Fernsehprogramm bleibt sie bei einer Dokumentation über spektakulären Umweltaktivismus hängen. Die Aktivistinnen und Aktivisten, die dort interviewt werden, wirken auf sie aber oft viel zu glatt und zu makellos. Sie nimmt niemandem von ihnen ernsthaft ab, jemals bei einer der aufsehenerregenden Protestaktionen dabei gewesen zu sein, über die so viel berichtet wird. Doch schließlich, am Ende der Dokumentation, findet sie ein glaubhaftes Gesicht: ein Interview mit ihrer Lieblingsschauspielerin über deren Engagement für die Umwelt. Würde sie behaupten, sich an ein Atomkraftwerk gekettet zu haben: Sophia würde es glauben!

© Der/die Autor(en), exklusiv lizenziert an Springer-Verlag GmbH, DE, ein Teil von Springer Nature 2022
J.-H. Heinrichs und M. Rüther, *Technologische Selbstoptimierung – wie weit dürfen wir gehen?*, #philosophieorientiert,
https://doi.org/10.1007/978-3-662-65354-8_1

Aber: Wie steht es mit ihr selbst? Der Blick in den Spiegel zeigt ihr ein jugendliches, harmonisches Gesicht, keine Falten, keine Narben. Sie schaut sich die Clips ihrer letzten Auftritte für ihre Hochschulgruppe an und zweifelt, ob man ihr die „Kämpferin für die gute Sache" abnehmen würde. Ein Blick auf die Biographie ihrer Lieblingsschauspielerin bringt schnell einen Verdacht. Dieses markante Kinn ist auf den ganz frühen Bildern nicht zu sehen. Hat da etwa die plastische Chirurgie nachgeholfen? Warum auch nicht? Besonders wenn man so etwas später auch wieder rückgängig machen könnte. Jetzt, da Sophia die Verbindung von Operation und Wirksamkeit für die Sache so klar vor Augen steht, erwägt sie ernsthaft die Möglichkeit, ihr Kinn entsprechend korrigieren zu lassen.

Doch was soll aus dem Studium werden, wenn sie sich künftig noch mehr für die Umwelt engagiert? Vielleicht kann sie ja das eine tun und das andere nicht lassen. Am Telefon klagt sie ihr Leid einer Freundin, die Medizin studiert. Die lacht nur müde: „Das ist ein Fall für Ritalin." Damit ließe sich beides vereinbaren, denn Sophia wäre leistungsstärker und könne ihr Studium auch in weniger Zeit schaffen. Das Präparat sei darüber hinaus ohne große Nebenwirkungen, denn es sei ja schließlich bereits an Kranken getestet und freigegeben worden. Und was bei Krankheit helfe, könne erst recht bei gesunden Menschen etwas bewirken. Ihre Freundin erzählt ihr aber noch mehr: „Ich habe gehört, dass es mittlerweile noch wirksamere Mittel gibt, um Körperkraft und Ausdauer zu steigern. Dann könntest Du tatsächlich bei diesen Protestaktionen mitmachen und dich mit einem Plakat ohne große Mühe vom Kohlekraftwerk abseilen." Sie erzählt Sophia außerdem von Cochlea-Implantaten, die auch bei Gesunden eingesetzt werden könnten, um das Gehör und die auditive Aufnahmefähigkeit insgesamt zu verbessern, und sie berichtet von implantierbaren Chips, die es erlaubten, viele Transaktionen des alltäglichen Lebens zu erledigen – was zum Beispiel das Anstehen an Kassen im Supermarkt überflüssig mache. Und damit nicht genug. „Was wäre denn", so fragt ihre Freundin, „wenn wir auch medizinische Präparate nutzen könnten, um unsere Lebensspanne zu verlängern?" Sie erzählt Sophia von den neuen Möglichkeiten der Anti-Aging-Medizin, von gegenwärtigen Entwicklungen bei Medikamenten zur Entfernung überalterter Zellen und zukünftiger Forschung zur Verjüngung von Zellen durch Manipulation des Erbgutes. Sophia unterbricht die aufgeregte Freundin. Sie gesteht, dass ihr das eigentlich zu weit gehe. Sie wolle ja nur ihr Studium schaffen und für den Umweltschutz kämpfen. Andererseits: Sie spürt auch den eigenartigen Reiz, der von diesen Ideen ausgeht. Ein leistungsfähigerer Körper, ein produktiverer Geist, vielleicht gänzlich neue Fähigkeiten und am Ende sogar ein längeres Leben – gerade dieses könnte die Entscheidung für die eine und gegen die andere Sache eventuell überflüssig machen. Denn würde sie etwa 150 Jahre alt werden, könnte sie sich zunächst für die Umwelt engagieren und später noch ein Studium an der Universität absolvieren. Aber so ganz geheuer ist ihr das nicht. Das sind Gedanken, die sie erst einmal sacken lassen muss …

1.2 Die Ziele, Methoden und Voraussetzungen dieses Buches

Die Geschichte von Sophia ist nicht aus der Luft gegriffen. Zwar stecken einige der genannten biomedizinischen Möglichkeiten noch in den Kinderschuhen (z. B. die Präparate gegen das Altern). Es ist aber vorstellbar, dass derartige Technologien bald möglich sein werden. Das bedeutet aber auch, dass wir herausfinden müssen, wie mit den neuen und kommenden Möglichkeiten umzugehen ist.

Dieses Buch will einige Technologien der Selbstoptimierung oder, wie es in der Fachdebatte heißt, des *enhancement* (engl. für ‚Verbesserung‘) in ethischer Hinsicht bewerten. Unter dem Begriff ‚Optimierung‘ verstehen wir im Folgenden eine kontinuierliche Verbesserung von Eigenschaften oder Fähigkeiten, wobei wir damit nicht voraussetzen, dass einzelne lokale Optima, also Endpunkte der Verbesserung einzelner Eigenschaften, auch erreichbar sind, geschweige denn, dass es einen globalen Optimalzustand gibt. In inhaltlicher Hinsicht verbinden wir mit der Selbstoptimierung vor allem *biomedizinische* Eingriffe in den eigenen Körper (inklusive des Gehirns). Zwar wäre es auch interessant zu untersuchen, wie wir durch Meditation, Yoga, Sport, Diät und andere nicht-technische Eingriffe unseren Körper beeinflussen und verändern können. Diese Möglichkeiten werden im Folgenden jedoch ausgespart, weil es sich bei ihnen zwar um Kultur*techniken* im Sinne von Kunstfertigkeiten handelt, nicht aber um *technologische* Veränderungen im Sinne materieller Werkzeuge und Wirkstoffe, die im Fokus dieses Buches stehen. Zudem betrachten wir auch nur solche Eingriffe, die an den Körpern von *gesunden* Menschen durchgeführt werden. Es geht uns nicht um solche Technologien, die eingesetzt werden, um kranke Menschen wieder gesund zu machen, sondern darum, wie im Fall von Sophia, gesunde Menschen noch besser zu machen. Darüber hinaus nehmen wir auch nur solche Technologien in den Blick, die eine *Selbst*optimierung darstellen. Wir betrachten daher weder Fälle, in denen direkt oder indirekt durch die eigene Hand *andere Menschen* verbessert werden (z. B. der eigene Nachwuchs), noch solche, in denen der Staat seine Bürgerinnen und Bürger als Objekt der Verbesserung behandelt. Es geht uns ausschließlich um Fälle, in denen ein Subjekt anstrebt, sich selbst zu verbessern.

Vieles, was wir im Folgenden in aller Kürze darlegen werden, haben wir an anderen Stellen ausführlicher erläutert (vgl. z. B. Heinrichs/Rüther/Stake/Ihde 2022). Einige Dinge möchten wir jedoch an dieser Stelle explizit machen, weil sie für ein Verständnis unserer Vorgehensweise und grundsätzlichen Argumentationslinie unerlässlich sind.

Erstens gehen wir davon aus, dass eine Bewertung der Selbstoptimierung nur über eine Analyse der Einzeldebatten über je spezielle Technologien erfolgen kann. Das liegt daran, dass wir nicht glauben, dass technologische Selbstverbesserungen entweder nur Fluch oder nur Segen sind. Manchmal sind sie zu verbieten, manchmal muss man sie fördern. Einige Veränderungen könnten uns schaden und unsere Gesellschaft auf den Kopf stellen. Andere könnten uralten Geißeln wie Krankheit und Seneszenz ein Stück weit den Schrecken nehmen. Es kommt immer auf den Einzelfall an. Das zu zeigen, wird eine der Hauptaufgaben dieses Buches sein.

Zweitens sind wir der Ansicht, dass man die Debatte über technologische Selbstverbesserung in ethischer Hinsicht differenzierter und transparenter führen muss, als es häufig getan wird. In vielen Teilen des Diskurses ist, so unser Eindruck, weder klar, welche Art von Argument eigentlich genau vertreten wird, noch ist immer nachvollziehbar, was eigentlich daraus folgt. Wie aber soll dann eingeschätzt werden, wie überzeugend und tragfähig eine Überlegung ist? Um diesen Fallstricken zu entkommen, möchten wir im Folgenden einen Bewertungsrahmen vorschlagen (s. Abschn. 1.4). Hierfür werden wir insbesondere auf wichtige Unterscheidungen in der Metaethik und normativen Ethik zurückgreifen. Dies wird uns am Ende nicht nur helfen, differenzierter und transparenter über die Argumente im Diskurs urteilen zu können, sondern der Leserin oder dem Leser auch eine rationale Auseinandersetzung mit unseren eigenen Überlegungen ermöglichen.

Drittens muss zugestanden werden, dass wir auch eine Grundposition haben, die unsere Bewertung leitet. Diese gilt es transparent zu machen, nicht zuletzt, um unsere eigene Argumentation verständlicher zu gestalten. Im Folgenden haben wir daher unsere Grundposition kenntlich gemacht und werben dafür, dass es sich hierbei um einen für viele attraktiven Zugang zur Debatte handelt (s. Abschn. 1.5).

Die möglichen Techniken der Selbstverbesserung und ihre ethischen Bewertungen sind vielfältig und übersteigen bei weitem den Umfang, der hier zur Verfügung steht. Wir können und wollen daher nur einige wenige Möglichkeiten der Selbstoptimierung herausgreifen, nämlich:

- die „Schönheitsoperation", d. h. die Verbesserung des eigenen Körpers mittels ästhetischer Chirurgie (Kap. 2),
- die Verbesserung der körperlichen Leistungsfähigkeit durch Implantate und andere Hilfsmittel (Kap. 3),
- das sogenannte Gehirndoping, also die Optimierung der kognitiven Leistungsfähigkeit durch pharmakologische Präparate (Kap. 4),
- die Verlängerung der eigenen Lebensspanne mit der Hilfe von Technologien aus der Longevity-Medizin (Kap. 5).

Die Auswahl dieser vier Bereiche ist nicht willkürlich. Zum einen ist es uns wichtig, dass die Auswahl eine gesellschaftliche Relevanz aufweist, und gleichzeitig den akademischen Diskurs repräsentiert. Zum anderen soll die Auswahl die verschiedenen Zwecke kenntlich machen, die wir mit Selbstoptimierung verbinden können.

1.3   Die ethische Debatte

Der Beginn der ethischen Diskussion rund um das Thema
der biomedizinischen Selbstoptimierung lässt sich grob
auf das Ende der 1990er Jahre datieren. Im Fokus der
Auseinandersetzung standen u. a. die aufkommende
Gentechnologie (vgl. Harris 1992), Entwicklungen im
Bereich der Pharmakologie, darunter die Verwendung
von Wachstumshormonen jenseits diagnostizierten Klein-
wuchses (vgl. Haverkamp/Ranke 1999), erste Ergebnisse
der Lebensspannenverlängerung durch genetische und
pharmakologische Interventionen an Mäusen (vgl. Lu/
Brommer/Tian u. a. 2020) und bessere Technologien in
der plastisch-ästhetischen Chirurgie (vgl. Little 1998). Als
sich abzeichnete, dass diese und weitere Biotechnologien
geeignet sein könnten, auch jenseits der Therapie verwendet zu werden, reagierten darauf in großer zeitlicher
Nähe Interessensgruppen und akademische Beobachter
aus zwei sehr unterschiedlichen Lagern. Die Reaktionen
der einen Gruppe waren überwiegend positiv, in einigen
Fällen geradezu enthusiastisch. In zahlreichen Fachbei-
trägen sowie in populärwissenschaftlichen Publikationen
wurden die Erfolge der Biotechnologien in die Zukunft
extrapoliert und aus den möglichen Vorteilen, die sich
daraus ergeben könnten, Empfehlungen für die rechtliche und politische Bewertung und praktische Umsetzung
gegeben. Diese Empfehlungen waren durchweg sehr
liberal, d. h. auf weitgehende Freigaben der jeweiligen
Mittel ausgerichtet. Einige gingen auch so weit, nicht
nur eine Freigabe, sondern auch gesellschaftliche Unterstützung bei der technologischen Selbstoptimierung vorzuschlagen. Als besonders lautstark fiel dabei eine Gruppe
auf, die unter dem Namen ‚Transhumanisten' auftrat und
die auch gegenwärtig noch viel Aufmerksamkeit auf sich

zieht (vgl. exemplarisch für viele den einführenden Text Bostrom 2005).

Gleichzeitig und zum Teil als Reaktion auf diese sehr positive Aufnahme neuer Biotechnologien und des Trends zur technologischen Selbstoptimierung trat eine Gruppe auf den Plan, die vor einem allzu liberalen gesellschaftlichen Umgang mit und vor der individuellen Verwendung von technologischen Mitteln der Selbstoptimierung warnte. Auch von dieser Seite wurden schnell Vorschläge für rechtliche und politische Regelungen formuliert, die teilweise von sehr prominenter Stelle vorgetragen wurden, beispielsweise vom direkten Beratergremium des damaligen US-Präsidenten George W. Bush (vgl. exemplarisch President's Council on Bioethics [U.S.] 2003). Während die Befürworter des *enhancements* den Begriff ‚Transhumanismus' auch selbst als Bezeichnung ihrer Position verwenden, wird den eher warnend argumentierenden Diskussionsgegnern der Term ‚Biokonservativismus', der ihre Haltung kennzeichnen soll, von außen zugeschrieben. Mit diesen beiden Gruppen werden bis heute oft die wichtigsten Lager in der ethischen Diskussion um die Reichweite technologischer Selbstoptimierung identifiziert, auch wenn sich natürlich noch weitere Lager und Gruppenbildungen ausmachen lassen (für diese Sortierung des Feldes vgl. Giubilini/Sanyal 2015, Heinrichs/Stake/Rüther/Ihde 2022, 33).

Auch wenn sich diese Lagerbildung eingebürgert hat, spricht vieles dafür, sie wieder aufzubrechen. Lagerbildung ist hier – und tendenziell sonst auch – allzu sehr auf Vereinfachung und vorschnelle Zuordnungen ausgelegt. Damit geht die Tendenz zur Entdifferenzierung einher. Wie wir jedoch oben schon erläutert haben, glauben wir nicht, dass technologische Selbstoptimierung immer Fluch oder immer Segen ist. Es kommt vielmehr darauf an, die jeweilige Einzeldebatte zu betrachten und sowohl die Argumente für als auch gegen eine spezifische Verbesserungsmöglichkeit wirklich ernst zu nehmen. Wie wir noch sehen werden, scheinen die liberalen Argumente in manchen Fällen eine große Zugkraft zu entwickeln, in anderen Fällen sind wiederum die konservativen *mementos* nicht so einfach von der Hand zu weisen. Die Welt ist ein komplizierter Ort. Das spiegelt sich auch in der Debatte um die technologische Selbstoptimierung wider. Dementsprechend mag ein festgefahrenes Lagerdenken vielleicht historisch nachvollziehbar sein, aber es ist, so meinen wir, philosophisch keineswegs gerechtfertigt.

1.4 Der Bewertungsrahmen

Die Auseinandersetzung mit den Möglichkeiten der biomedizinischen Selbstoptimierung sollte auf eine Weise geschehen, die für ein breites Publikum ebenso verständlich ist wie für akademisch arbeitende Philosophinnen und Philosophen. Das bedeutet vor allem: Die Gruppierung und Einordnung der Argumente muss nachvollziehbar und transparent sein, damit deren Überzeugungskraft angemessen ausgewertet werden kann. Um ein wenig Übersicht zu schaffen, möchten wir einen Bewertungsrahmen vorschlagen. Dieser orientiert sich in erster Linie an der Unterscheidung zwischen individualethischen und sozialethischen Argumenten (für diese Differenzierung vgl. Gutmann/Quante 2017). Ein individualethisches Argument zeichnet sich dadurch aus, dass es aus Sicht des bewertenden Individuums formuliert wird. Klassischerweise beinhaltet es die Vor- oder Nachteile, die für oder gegen eine Selbstverbesserungstechnologie sprechen. Wer etwa darauf verweist, ästhetische Eingriffe könnten der individuellen Lebensgestaltung einer Person dienen oder das Individuum erhalte durch sie die Möglichkeit, sich endlich wieder wohl in der eigenen Haut zu fühlen, formuliert ein individualethisches Argument. Demgegenüber fußt ein sozialethisches Argument nicht auf der Perspektive des bewertenden bzw. betroffenen Subjekts, sondern auf einem gesamtgesellschaftlichen Standpunkt. Typischerweise beinhaltet ein solcher Standpunkt die Frage, was aus Sicht der Gesellschaft oder des Staates für oder gegen eine Selbstverbesserungstechnologie spricht. Wer zum Beispiel darauf verweist, dass Gehirndoping, also die kognitive Leistungssteigerung durch pharmakologische Präparate, zu einer Spaltung der Gesellschaft und zu wachsender Ungleichheit etwa in beruflichen Chancen führt, formuliert ein sozialethisches Argument.

Darüber hinaus gibt es noch eine weitere Bewertungsebene, die wir berücksichtigen möchten. Sie betrifft die Frage nach dem normativen Kernelement, also die Frage danach, warum ein *bestimmter* individualethischer oder sozialethischer Gesichtspunkt eigentlich relevant ist. In diesem Zusammenhang lassen sich drei unterschiedliche Antworten differenzieren, die jeweils unterschiedliche Ausrichtungen in der Ethik widerspiegeln (vgl. auch Baron/Pettit/Slote 1997).

Eine erste Antwort lässt sich in einem *tugendethischen* Argumentationsrahmen geben. Sie sieht den entscheidenden Gesichtspunkt vor allem als ein Merkmal des Charakters der oder des Handelnden. Wer etwa die Verbesserung der körperlichen Leistungsfähigkeit durch Implantate ablehnt, weil wir unseren natürlichen Anlagen mit Demut gegenübertreten sollten, formuliert ein individualethisches Argument tugendethischer Prägung.

Man kann aber auch eine andere Antwort auf die Frage geben, warum etwas ein normatives Kernelement darstellt. Das kann man tun, indem man sich auf die ausgeübten Handlungstypen bezieht. In diesem Fall haben wir es mit einem *deontologischen* Argumentationsrahmen zu tun. Wer

beispielsweise behauptet, die Einnahme von leistungs-
steigernden Präparaten in Prüfungssituationen sei eine
Art des Betruges, verweist innerhalb individualethischer
Abwägungen auf die Art der Handlung – nämlich auf die
Betrugshandlung. Die Einnahme der Präparate ist dann
ihrer Art nach moralisch schlecht.

Es gibt noch eine dritte Antwortmöglichkeit auf
die normative Frage nach der angemessenen ethischen
Theorie, die einer Bewertung zugrunde liegt. Diese basiert
darauf, dass nicht der Charakter der Handelnden oder
der Handlungstyp in den Mittelpunkt rückt, sondern die
Folgen der Handlung. In diesem Fall bewegt man sich
in einem *konsequenzialistischen* Argumentationsrahmen.
Wer etwa behauptet, die ungehinderte Möglichkeit, auf
lebensverlängernde Technologien der Anti-Aging-Medizin
zurückgreifen zu können, führe dazu, dass die berühmte
Schere zwischen Arm und Reich sich weiter öffnen werde,
vertritt ein konsequenzialistisches Argument. So jemand
betont vor allem die Folgen, die eine solche Handlung hat,
in diesem Fall: die Folgen für die Gesellschaft.

Diese Einteilung ist idealtypisch. Im echten Leben
der Optimierungsdebatten treffen wir häufig auf Misch-
formen von Argumenten, so dass die Gesamtbewertung
einer Enhancement-Technologie häufig sowohl von
individualethischen als auch sozialethischen Gesichtspunkten abhängt sowie in unterschiedlichem Maße
von Bewertungen der (vermeintlichen) Charaktereigenschaften der Betroffenen, der Art und der Folgen
der entsprechenden Handlung. Tugendethische
Argumentationsweisen sind in der Debatte erst seit
Kurzem präsent, und konsequenzialistische Argumente
finden sich in erster Linie im Bereich der sozialethischen
Argumentationsweisen. Allerdings muss man auch zugestehen: Der Grad der Differenzierung hängt immer auch
von der jeweiligen Absicht des Differenzierenden ab. Und

in diesem Zusammenhang kommt es uns vorrangig darauf an, einen einfachen Bewertungsrahmen vorzuschlagen, der die unterschiedlichen ethischen Theorien als einander ergänzende Verfahren zur Lösung moralischer Fragen akzeptiert und uns hilft, in den folgenden Fallstudien den Überblick zu behalten. Die Detaildebatten werden – wie wir noch sehen werden – recht schnell differenziert und komplex. Einen übersichtlichen Ordnungsrahmen zu besitzen, der durch das Dickicht der Argumente führt, ist daher für das Verständnis besonders hilfreich.

1.5   Die eigene Perspektive auf das Problemfeld

Bevor wir im Weiteren in die Details eintauchen und uns an einer Bewertung der verschiedenen Technologien versuchen, müssen wir noch einen Punkt klären. Jede ethische Bewertung geht von einem bestimmten Fundament aus, und das gilt natürlich auch für unsere eigene. Welche ethische Grundeinstellung soll also in diesem Buch zugrunde gelegt werden? Zunächst einmal gehen wir von einer, wie man es manchmal nennt, *strebensethischen Perspektive* aus, die das Gesamtleben von Individuen und die Struktur einer Gesellschaft in den Blick nimmt. Wir beschränken unsere Bewertung daher nicht auf moralische Gesichtspunkte, sondern weiten sie aus, indem wir uns auf das alles in allem gesehen gute Leben konzentrieren. In unserer Perspektive sind also die unterschiedlichen positiven Beiträge im Streben nach einem alles in allem guten Leben ausschlaggebend für die Bewertung. Dazu gehören neben der moralischen Vorzugswürdigkeit unter anderem auch das individuelle Wohlergehen (vgl. Heinrichs 2004) und sinnstiftende Tätigkeiten (vgl. Rüther 2022). Das ist eine viel umfassendere und daher auch schwierigere Betrachtungsweise, als lediglich die moralischen Gesichtspunkte einzubeziehen. Aus unserer Sicht ist es aber auch die spannendere und vor allem auch sachlich angemessenere Zielperspektive.

In diesem Zusammenhang sind wir auch der Ansicht, dass sich mit Blick auf das gute Leben mehr sagen lässt, als wenn wir lediglich auf die faktisch vorfindbaren Meinungen von Individuen und einen vermeintlichen Konsens oder Dissens in einer Gesellschaft hinweisen würden. Wir setzen also voraus, dass das gute Leben Gegenstand einer *normativ-ethischen Betrachtungsweise* sein kann, die nach möglichst verallgemeinerbaren und nicht nur im partikularen Einzelfall gültigen Regeln, Prinzipien oder Leitlinien sucht und im Erfolgsfall auch kritisches Potenzial besitzt, um auf Missstände im gesellschaftlichen Status quo hinzuweisen. Damit ist noch nichts darüber gesagt, welche Gesichtspunkte es im jeweiligen Einzelfall sind, die dieses kritische Potenzial haben. Welche Prinzipien eine konkrete Bewertung anleiten können, hängt von den genauen Eigenschaften und Kontexten der jeweiligen Handlung und Technologie ab und nicht von der sehr viel pauschaleren Zuschreibung, dass es sich um einen Fall technologischer Selbstoptimierung handelt.

Darüber hinaus muss noch auf eine weitere These hingewiesen werden, die den folgenden Überlegungen zugrunde liegt. Sie bezieht sich auf die Struktur des guten Lebens und kann als *axiologischer (= werttheoretischer) Pluralismus* bezeichnet werden. Sie beinhaltet im Kern die liberale Überzeugung, dass es für verschiedene Menschen nicht nur eine, sondern viele Weisen gibt, ein gutes Leben zu führen. Nicht für jede und jeden ist die gleiche Lebensweise passend, und vielleicht gibt es sogar für eine Person verschiedene gleich gute Möglichkeiten, ihr Leben zu führen. Das bedeutet natürlich nicht, dass es keine (vernünftig begründbaren) Einschränkungen gibt. Es mag

Spielräume geben, wie man das eigene Leben zu einem guten Leben machen kann, doch auch ein solcher Spielraum hat Grenzen, insbesondere dort, wo die gleich zu behandelnden Verwirklichungschancen anderer Menschen oder gesellschaftliche Interessen ins Spiel kommen. Auszuloten, wo die Spielräume liegen und wo ihre Grenzen verlaufen, ist eines der erklärten Ziele dieses Buches.

Wir gehen davon aus, dass diese drei Annahmen – die strebensethische Perspektive, die normative Betrachtungsweise und der axiologische Pluralismus –, zwar nicht bei allen Ethikerinnen und Ethikern konsensfähig sind (doch wo gibt es das schon in der Philosophie?), aber zumindest bei sehr vielen Anklang finden können. Erstens liegt das daran, dass sie ziemlich offen gestaltet sind. Die Annahmen bleiben zum Beispiel weitestgehend neutral in der Frage, worin das gute Leben für die Einzelnen besteht und welche weiteren Bedingungen im Rahmen einer chancengerechten sozialen Ordnung erfüllt sein müssen, damit ein gutes Leben (individuell und in Gemeinschaft) gewährleistet ist. Diese Offenheit lässt mithin reichlich Spielraum für individuelle Ausgestaltung und theoretische Vorlieben. Zweitens werden keine extravaganten Thesen vertreten. Die strebensethische Perspektive auf alle Komponenten des guten Lebens, die normativ-inhaltliche Betrachtungsweise und insbesondere der axiologische Pluralismus sind im philosophischen Fachdiskurs nicht unumstritten. Gleichwohl würde kaum jemand behaupten, dass man sich mit diesen drei Thesen auf theoretisch unhaltbarem „Glatteis" bewegt. Auch wer sie ablehnt, wird anerkennen, dass man einiges an philosophischer Argumentation und Begründung investieren muss, um sie abzuweisen. Drittens liefern die drei Annahmen trotz ihrer Offenheit eine gewisse Orientierung. Aus ihnen folgt zwar keine These über die ethische Überzeugungskraft bestimmter Argumente für oder gegen eine bestimmte Art der Selbstverbesserung, sie eröffnen jedoch eine bestimmte Perspektive, wie man auf das Untersuchungsfeld blicken kann. Sie nehmen keine ethischen Antworten vorweg, sondern geben eine ethische Analyserichtung vor.

2

Vom hässlichen Entlein zum schönen Schwan – Das Beispiel der ästhetischen Chirurgie

2.1 Einleitung

Die Praxis der Verbesserung oder Modifikation des eigenen Körpers ist wahrscheinlich so alt wie die Menschheit selbst. Bereits in antiken Kulturen finden wir vergleichsweise einfache äußerliche Veränderungen an Haut (z. B. Bemalung) und Haaren (z. B. Frisur), aber auch mehr oder weniger permanente Umgestaltungen wie die Vernarbung der Haut, das Feilen der Zähne oder die Formung der Köpfe von Neugeborenen. Diese oder ähnliche Praktiken haben sich bis in die Gegenwart durchgehalten: Wir stylen unsere Haare, bemalen das Gesicht, lackieren die Fingernägel oder – um etwas extravaganter zu werden – piercen und tätowieren unsere Haut oder definieren unseren Körper durch Bodybuilding, Sport und Diät.

© Der/die Autor(en), exklusiv lizenziert an Springer-Verlag GmbH, DE, ein Teil von Springer Nature 2022
J.-H. Heinrichs und M. Rüther, *Technologische Selbstoptimierung – wie weit dürfen wir gehen?*, #philosophieorientiert, https://doi.org/10.1007/978-3-662-65354-8_2

Neu ist hingegen, dass sich gerade in den letzten Jahrzehnten die Möglichkeiten zur Körperformung noch einmal erheblich erweitert haben. Es sind tiefgreifende „Baumaßnahmen am menschlichen Körper" (Ach/ Pollmann 2006, 9) möglich, die früher so nicht denkbar waren. Wir können ästhetische Operationen durchführen, um Menschen ihren Wunschkörper zu ermöglichen, Chips und Implantate einsetzen, um Körperfunktionen zu verbessern oder neue hinzuzufügen, oder mittels Anti-Aging-Medizin dafür sorgen, den Alterungsprozess zu verlangsamen oder sogar aufzuhalten.

Die ethischen Chancen und Risiken dieser Möglichkeiten werden den Gegenstand der folgenden Kapitel bilden. In diesem Kapitel bildet die erste der oben genannten Möglichkeiten der Körperformung, nämlich ein invasiver Eingriff unter Zuhilfenahme von Technologien der ästhetischen Chirurgie oder – wie sie landläufig auch genannt wird – der Schönheitschirurgie. Welche Eingriffe sind damit gemeint? Im Wesentlichen haben wir damit alle invasiven operativen Eingriffe im Blick, die zum Zwecke der ästhetischen Selbstoptimierung des eigenen Körpers durchgeführt werden, also Formen, wie man es nennen könnte, des Schönheitsenhancement. Alle anderen ästhetischen Eingriffe, die möglicherweise einer medizinischen Indikation unterliegen und daher therapeutischen Zwecken folgen, möchten wir im Weiteren ausblenden (für die Diskussion, ob und welche ästhetischen Eingriffe dem therapeutischen Bereich zuzuschlagen sind, vgl. Ach 2006, 191–192; Fenner 2019, 123–125).

Eine so verstandene operative Verschönerung des eigenen Körpers liegt mittlerweile im Trend, so dass in kulturkritischen Kreisen bereits von einer ,somatischen Wende' oder einem ,Körperboom' gesprochen wird (vgl. Shusterman 1994, 243; Ammicht Quinn 2006, 64).

Tausende von Frauen und auch immer mehr Männer legen sich unters Messer, um ihr äußeres Erscheinungsbild zu verändern und ihren eigenen Wünschen anzupassen. Darunter fallen Eingriffe wie Fett absaugen, Brüste verkleinern oder vergrößern, Augenlider, Nasen und Ohren korrigieren, Gesäß oder Bauchdecke straffen, Falten unterspritzen oder Tränensäcke entfernen. Um einige Zahlen zu bemühen: Der Deutschen Gesellschaft für ästhetisch-plastische Chirurgie (DGÄPC) zufolge sind etwa 80 % derjenigen Personen, die eine Schönheitsoperation in Anspruch nehmen, weiblich (vgl. DGÄPC 2005). Generell scheint die Bereitschaft zu einer kosmetischen Operation bei Frauen recht hoch zu sein. Jede zweite Frau scheint nicht abgeneigt zu sein, sich für die Schönheit operieren zu lassen. Die meisten Klientinnen und Klienten sind zwischen 40 und 50 Jahre alt, nämlich über die Hälfte, wobei auch knapp 25 % zwischen 15 und 25 Jahre alt sind – Tendenz steigend. Die Vereinigung der Deutschen Ästhetisch-Plastischen Chirurgen (VDÄPC) geht von ca. 83.000 Schönheitsoperationen im Jahre 2019 aus (vgl. VDÄPC 2020). Gleichwohl muss man auch festhalten: Vereinheitlichende Statistiken zur Gesamtanzahl werden derzeit in Deutschland nicht geführt. Entsprechend gehen die Einschätzungen, wie viele Schönheitsoperationen tatsächlich durchgeführt werden, auch auseinander. Einig scheinen sich die verschiedenen Quellen allenfalls bei den Spitzenreitern zu sein: Am häufigsten werden Eingriffe durchgeführt, die der Faltenstraffung im Gesicht, der Fettabsaugung und Brustvergrößerung dienen.

In den Medien ist das Thema ‚Schönheitsoperation‘ mittlerweile ein beliebter Dauergast. Zeitschriften, Magazine und vor allem auch die sozialen Medien sind voll von Artikeln über Menschen, die ihren Urlaub auf Beauty-Farmen verbringen, über Heranwachsende, die

sich einen ästhetisch-chirurgischen Eingriff zum Geburts-
tag wünschen, oder über Alternde, die mit einer Falten-
behandlung ihrem Aussehen auf die Sprünge helfen
wollen. Fernsehserien wie *The Swan* zeigen, wie Frauen
sich mithilfe von chirurgischen Eingriffen körperlich
modifizieren und so hoffen, gemäß dem Slogan vom
„hässlichen Entlein" zu einem „schönen Schwan" zu
werden.

Was motiviert Menschen jedoch dazu, diese Art von
Eingriff an sich vornehmen zu lassen? Diese Frage ist
keineswegs einfach zu beantworten, denn die Klientinnen
und Klienten werden nur selten zu ihren Motiven befragt.
Eine Ausnahme stellt die Studie *Reshaping the Female Body*
(1995) von Kathy Davies dar. Darin befragt Davies über
einen längeren Zeitraum hinweg allerdings ausschließlich
Frauen hinsichtlich ihrer Einstellung zur geplanten oder
schon abgeschlossenen Schönheitsoperation (meistens:
Brustvergrößerungen). Folgt man ihren Ergebnissen, dann
lässt sich festhalten, dass es den meisten nicht primär um
körperliche Schönheit ging. Vielmehr empfanden die
meisten der befragten Frauen sich nicht als weniger schön
als andere. Ausschlaggebend für den Wunsch nach der
Schönheitsoperation war vielmehr, dass sie sich endlich
als normal und als im eigenen Körper zu Hause fühlen
wollten (vgl. Davies 1995, 161). Daneben lassen sich noch
weitere Motive ausmachen: So weist Kathryn Morgan –
neben vielen anderen Aspekten – auch darauf hin, dass es
Frauen bei der Umgestaltung des eigenen Körpers nicht
nur um ihre eigene Identität, sondern auch um ihren
gefühlten Selbstwert geht (vgl. Morgan 1991, 34–35). Sie
wollen sich nicht mehr minderwertig fühlen, sondern als
Menschen, die sich selbst wertschätzen können. Ebenso
finden sich Hinweise, dass bei vielen das subjektive Wohlbefinden und die Zufriedenheit eine Rolle spielen (vgl.
Degele 2004, 92; Stroop 2011). Frauen unterziehen sich

Schönheitsoperationen, um sich im eigenen Körper wohl zu fühlen und endlich glücklich zu sein. Bei einigen scheinen darüber hinaus externe Motive eine Rolle zu spielen wie etwa bessere Chancen auf beruflichen Erfolg und bei der Suche nach einem geeigneten Lebenspartner (vgl. Maasen 2008, 104; Kuchuk 2009, 72–80). Kurzum: Wenn man die Klientinnen und Klienten von Schönheitsoperationen beim Wort nimmt, ergibt sich eine Vielfalt von Motiven, die entweder auf erwünschte mentale Zustände abzielen (z. B. „sich authentisch fühlen", „zufrieden sein", „sich selbst als wertvoll empfinden") oder dem Zweck folgen, die Chance auf bestimmte externe Gütern zu erhöhen (z. B. „beruflicher Erfolg", „erfolgreiche Partnerwahl").

2.2 Die ethischen Gründe für ästhetische Eingriffe

Mehr Freude, mehr Glück, mehr Zufriedenheit

Was spricht aus einer individualethischen Perspektive dafür, sich unter das Messer der Schönheitschirurgie zu legen? Eine Möglichkeit besteht darin, auf die oben schon genannten internen und externen Gründe zu verweisen, die von den Klientinnen und Klienten selbst als Motive angeführt werden. Demnach spricht einfach für eine Schönheitsoperation, dass sie helfen könnte, ein authentisches Selbst zu entwickeln, den eigenen Selbstwert zu steigern, Glück und Zufriedenheit zu empfinden sowie ein beruflich und privat erfolgreiches Leben zu führen. Aber sind diese Ziele erstens empirisch realistisch durch einen ästhetischen Eingriff umsetzbar und zweitens – und das ist die philosophisch interessantere Frage –

wirklich ethisch erstrebenswert? Tatsächlich ist in der Geschichte der philosophischen Ethik unter dem Stichwort: ‚Hedonismus' nicht wenig Aufwand betrieben worden, letztere Frage zu diskutieren. An diesen Diskussionen möchten wir uns an dieser Stelle allerdings nicht beteiligen. Wichtiger ist nämlich, dass es wie angedeutet noch einen ernstzunehmenden Wermutstropfen gibt, der aus einer anderen Argumentationsrichtung stammt: Denn auch wenn nachgewiesen würde, dass die obigen Ziele ethisch erstrebenswert sind (wofür aus unserer Sicht gute Gründe sprechen!), ist noch nicht gezeigt, dass Schönheitsoperationen als Mittel dafür geeignet sind. Um ein Beispiel herauszugreifen: Viele erhoffen sich durch eine Schönheitsoperation dauerhaftes Glück und Zufriedenheit. Spezifische Studien zur Körperzufriedenheit zeigen jedoch, dass aktive Verschönerungsmaßnahmen zwar die Zufriedenheit mit dem optimierten Körperteil steigerten, aber nicht zu einer allgemeinen Zufriedenheit mit dem gesamten Körper führen oder eine Verbesserung der gefühlten Lebensqualität hervorbringen (für das Folgende vgl. Fenner 2019, Abschn. 3.1). Allenfalls lässt sich konstatieren, dass ein negatives Glück erreicht wird, also eine Befreiung von Leid, und ein episodisches Glück in Form der Freude über den erfolgreichen Eingriff. Ein übergreifendes Lebensglück ist durch Schönheitsoperationen hingegen nicht zu erwarten. Und damit nicht genug. Es scheinen auch empirische Befunde dafür zu sprechen, dass sich dieses Resultat auf die anderen internen Motive übertragen lässt. Demnach würde nicht nur gelten, dass Schönheitsoperationen kein gutes Mittel darstellen, um dauerhaft glücklich und zufrieden zu werden, sondern auch nicht sonderlich gut dafür geeignet sind, Klientinnen und Klienten ein authentisches Selbst zu vermitteln oder den eigenen Selbstwert zu steigern. Mit anderen Worten: Vieles, was Menschen dazu bewegt, einen ästhetischen

Eingriff vorzunehmen, ist zwar ethisch erstrebenswert, wird aber durch einen solchen Eingriff aller Wahrscheinlichkeit nach nicht in zufriedenstellendem Maße realisiert.

Mehr Autonomie

Ein wesentlicher Gesichtspunkt, der nicht nur in diesem Kapitel, sondern in unseren gesamten Überlegungen zur Selbstoptimierung immer wieder aufgegriffen wird, besteht im Verweis auf die personale Autonomie. Natürlich ist der Autonomiebegriff in philosophischer Hinsicht ein vieldiskutierter Begriff. Und er wird auch, insbesondere von transhumanistischer Seite, mit einigem rhetorischem und metaphysischem Getöse aufgegriffen (vgl. dazu auch Loh 2018). Wenn wir jedoch versuchen, konzeptionell und terminologisch etwas abzurüsten, können wir den Bedeutungskern recht einfach wiedergeben. Eine klassische Definition stammt von John Locke: Dieser versteht unter Autonomie eine Fähigkeit, nämlich über gute und schlechte Gründe reflektieren zu können und sich von diesen Gründen in seinem Denken und Handeln leiten zu lassen (vgl. Locke 2000, bes. Buch II, Kap. 21). Ob es sich hierbei um eine spezifisch menschliche Fähigkeit handelt, ist umstritten. Von nahezu allen Ethikerinnen und Ethikern wird jedoch die Ansicht geteilt, dass es sich nicht um eine belanglose, sondern um eine *normativ relevante* Fähigkeit handelt, also eine solche, die einen Einfluss auf das gute Leben eines Menschen hat. Mit Blick auf die Schönheitsoperationen können wir diese Einsicht so formulieren: Wer seine Fähigkeit zur Autonomie nutzt und zu dem Ergebnis kommt, dass er oder sie einen ästhetischen Eingriff vornehmen lassen möchte, erhält auch einen positiven Grund, ebendies zu tun (exemplarisch für viele vgl. Borkenhagen 2013; Davis

2009; Ferrari 2011). Damit stellen sich sofort wichtige Anschlussfragen, etwa danach, welchen Kriterien eine autonome Entscheidung genügen muss und ob diese alleine schon ausreicht, einen ästhetischen Eingriff insgesamt zu rechtfertigen. Beiden Fragen werden wir in den kommenden Abschnitten noch weiter nachgehen und unsere Antworten darauf präzisieren. An dieser Stelle reicht ein noch wenig konkretes Vorverständnis von Autonomie aus, um den Gedanken verständlich zu machen, dass die Ausübung einer bestimmten Fähigkeit und das sich daraus ergebende Ergebnis als positive Gesichtspunkte ins Feld geführt werden können, die für einen ästhetischen Eingriff sprechen.

Schönheit als Selbstzweck

Es gibt noch weitere Gesichtspunkte, die aus der Perspektive des Individuums eine Schönheitsoperation begründen könnten. Einer von ihnen besteht darin, dass einige Menschen sich einer Schönheitsoperation unterziehen, weil sie – wie der Name es schon vermuten lässt – schöner werden wollen. In diesem Zusammenhang wird in manchen transhumanistischen Kreisen etwa davon gesprochen, dass Menschen durch eine Schönheitsoperation die Möglichkeit erhalten, sich selbst in einer künstlerischen Art und Weise zu formen oder zu einem besonderen Kunstwerk zu machen (für diese Option vgl. exemplarisch Vita-More 2008; zur Genealogie dieser Vorstellung vgl. Siep 2006, 23). Mehr noch: Für Michel Foucault bietet die unbegründete Wahl eines solchen Lebens sogar die Möglichkeit, den vorgegebenen Machtstrukturen der Gesellschaft zu entfliehen und das eigene Selbst im Rahmen einer „Ästhetik der Existenz" zu kultivieren (vgl. Foucault 1984, 81, 136). Doch so weit wie Foucault muss man gar nicht gehen. Es reicht an dieser Stelle, einfach zu konstatieren, dass es legitime Gründe gibt, eine Operation durchzuführen lassen, weil man ein künstlerisches Interesse am eigenen Körper hat. Es geht hierbei nicht darum, sich in einer bestimmten Art und Weise zu fühlen oder die eigene Autonomie auszuüben, sondern einzig darum, sich am Ideal der Schönheit – wie auch immer dieses Ideal im Einzelnen interpretiert wird – zu orientieren.

Altruismus und selbsttranszendente Werte

Damit zusammenhängend lässt sich noch ein weiterer Aspekt nennen. Denn es muss ja nicht immer um Schönheit gehen, wenn man sich – wie man es manchmal nennt – an subjekttranszendenten Werten orientiert, also an solchen, von denen man annimmt, dass sie objektiv, auch außerhalb einer rein subjektiven Perspektive, Gültigkeit haben. Manchmal kann man bei Menschen auch Ziele finden, die altruistischer Natur, also auf das Wohlergehen anderer gerichtet sind. Demnach könnte ein guter Grund für eine Schönheitsoperation auch darin bestehen, seine Chancen zu erhöhen, eine Tätigkeit ausüben zu können, die einen positiven *Impact* für die Gesellschaft hat. Dass die Chancen dafür sich tatsächlich erhöhen lassen, kann am sogenannten Halo-Effekt festgemacht werden (zu diesem Effekt vgl. Stroop 2011; Rohde-Dachser 2009, 209). Diesem empirisch validierten Effekt zufolge werden attraktive Menschen als intelligenter und beliebter wahrgenommen und haben nachweislich eine höhere Wahrscheinlichkeit, einen für sie attraktiven Beruf auszuüben und in diesem erfolgreich zu sein. Nun mag man diesen Zusammenhang bedauerlich finden. Das zieht jedoch die ethische Legitimität der Ziele nicht in Zweifel. Aus unserer Sicht scheint das Ziel, anderen Menschen oder der Gesellschaft als Ganzer eine bessere Unterstützung zukommen zu lassen, einen guten Grund zu markieren, eine solche Operation ernsthaft in Betracht zu ziehen, sofern es denn tatsächlich die Motivation für den Eingriff darstellt.

Liberaler Staat und der eigene Lebensplan

Gibt es aus der sozialethischen Perspektive des Staates und des Zusammenlebens seiner Bürgerinnen und Bürger noch Gründe, die für die ethische Legitimität von Schönheitsoperationen sprechen? In der Tat lässt sich dafür argumentieren. Ein Weg besteht etwa darin, im Rahmen der liberalen Tradition von John Stuart Mill auf die Aufgaben des Staates abzustellen. Folgen wir dieser Leitlinie, dann besteht eine Aufgabe des Staates darin, das gute Leben seiner Bürger und Bürgerinnen zu gewährleisten. Das tut er, indem er ihnen ermöglicht, nach eigenen Wertvorstellungen zu leben, solange sie niemandem schaden. Solange das nicht passiert, bleibt das Individuum über seinen eigenen Geist und Körper – wie Mill es ausdrückt – der Souverän (zum Prinzip des Nichtschadens vgl. Mill 2011, 16). Das bedeutet also: Wenn jemand zur Entscheidung gelangt, dass Schönheitsoperationen etwas Gutes für sie oder ihn sind (siehe Autonomieargument oben), dann ist dieser Wunsch auch vonseiten des Staates zu respektieren. Das gilt nach Mill auch für irrationale Wünsche, wie etwa den Wunsch, durch ästhetische Eingriffe nicht nur punktuelle Wünsche zu befriedigen, sondern ein glückliches und zufriedenes Leben zu führen. (Irrational deshalb, weil – wie bereits dargelegt – diese Wünsche kaum eine Chance haben, realisiert zu werden.) – Wer nach Mill in der Lage ist, sich ein eigenes Urteil zu bilden, den oder die darf der Staat nicht daran bzw. an der Umsetzung der aufgrund dieses Urteils getroffenen Entscheidung hindern, sondern hat diese zu respektieren. Wer bereits einen rationalen Wunsch hat, ist ohnehin auf der sicheren Seite und dem oder der sollten durch den Staat auch keine Steine in den Weg gelegt werden.

2.3 Die ethischen Gründe gegen ästhetische Eingriffe

Pathologische Motive

Aber ist es wirklich so einfach? Betrachten wir wieder zunächst die *individualethischen Gesichtspunkte.* Diesbezüglich sind erst einmal die möglichen pathologischen Motive der Klientinnen und Klienten zu nennen. Bekannt ist etwa, dass 5 bis 15 % aller Personen, die eine Schönheitsoperation durchführen lassen, an einer körperdysmorphen Störung *(body dismorphic disorder)* leiden, d. h. an einer den normalen Lebensalltag störenden Sorge um eine minimale oder nicht vorhandene Körperanomalie (vgl. Brukamp 2011, 26–27). Nun denken wir jedoch nicht, dass sich daraus eine verallgemeinerbare Ablehnung von ästhetischen Eingriffen ableiten lässt. Vielmehr spricht es eher dafür, lediglich diejenigen Klientinnen und Klienten auszusondern, deren Motive für einen Eingriff auf eine psychopathologische Störung zurückzuführen sind. Eine Möglichkeit, das zu gewährleisten, könnte darin bestehen, Schönheitschirurgen und -chirurginnen darauf zu verpflichten, eine psychologische Zusatzausbildung zu absolvieren oder eng mit einem psychiatrisch-psychologischen Team zusammenarbeiten zu lassen (vgl. Brukamp 2011, 32–33; Miller/Brody 2009,

155). In jedem Fall gilt es, die Ursachen des Leidens zu prüfen und zu gewährleisten, dass eine Psychotherapie mit dem Skalpell – wie man es nennen könnte – vermieden wird.

Medizinische Risiken

Damit kommen wir zu einem verwandten Punkt, nämlich den medizinischen Komplikationen und Risiken von Schönheitsoperationen. Um einige Beispiele zu nennen (für das Folgende vgl. Borkenhagen 2013, 49): Bei Brustvergrößerungen mit Silikonimplantaten treten als Nebenfolgen etwa Rupturen, Falten, Narben und ästhetische Asymmetrien auf, die bei 20 bis 40 % der Frauen in den ersten 8 bis 10 Jahren eine erneute Operation nach sich ziehen, um das gewünschte Ergebnis zu erreichen. Bei der Fettabsaugung kam es in 76 Fällen zu schweren Komplikationen und in drei Fällen sogar zu Komplikationen mit Todesfolge. Darüber hinaus kann bei Klientinnen und Klienten, bei denen psychische Störungen vorliegen, die Symptomatik noch verstärkt werden. In diesen Fällen stellt ein ästhetischer Eingriff einen Behandlungsfehler dar, weil das vorhandene Leiden noch vergrößert wird und sogar ein Wiederholungszwang ausgelöst werden kann (vgl. Damm 2011, 83–84). Es gibt noch weitere medizinische Risiken, die zu nennen wären (vgl. Deutsche Bundesregierung 2003). Die bereits genannten sollten jedoch ausreichen, um die Problematik zu veranschaulichen.

Wenden wir uns nun der ethischen Thematik zu: Wie stark fallen die möglichen Risiken und Komplikationen ins Gewicht? Reichen sie aus, um für alle Individuen gute Gründe gegen Schönheitsoperationen zu fundieren? Wir denken nicht, dass das der Fall ist. Wir sind vielmehr der Ansicht, dass es in manchen Fällen vonseiten des Individuums auch gute Gründe geben kann, die genannten Risiken und Komplikationen zu akzeptieren. Einige der guten Gründe wurden oben schon genannt. Um das Beispiel ‚Autonomie' herauszugreifen: Die Möglichkeit ästhetisch-chirurgischer Eingriffe eröffnet für viele Klientinnen und Klienten neue Möglichkeiten der Selbstbestimmung und damit, ihre eigenen Vorstellungen vom guten Leben umzusetzen (vgl. auch Ach 2011, 196). Und ein solcher Plan kann unter Umständen auch die Inkaufnahme von einigen Risiken und Komplikationen beinhalten. Um Missverständnisse zu vermeiden: Wir möchten damit nicht ausschließen, dass es durchaus einige Risiken geben kann, die nicht zu tolerieren sind (zur Thematik, die am Beispiel des Begriffs des ‚objektiven Schadens' abgehandelt wird, vgl. Schramme 2006). Im Fall der Schönheitschirurgie plädieren wir jedoch dafür, dass die derzeit bekannten Komplikationen dafür nicht ausreichen. Allenfalls ließe sich noch über die ökonomischen Folgekosten für das Gesundheitssystem und die damit verbundenen Einschränkungen für andere diskutieren. Aber auch dieses Problem ist keine unüberwindliche Hürde, sondern kann durch Regularien gelöst werden, mit denen dafür Sorge getragen wird, dass die Folgekosten nicht auf die Solidargemeinschaft abgewälzt werden (zu diesem Punkt vgl. Gesang 2007, 82). Das heißt also: Wenn die Klientin oder der Klient in einer hinreichenden Weise über die Risiken informiert wurde (siehe unten für die ausführlichere Darstellung des Ärztin-Patienten- bzw. Arzt-Klientinnen-Verhältnisses), keine psychopathologischen Motive vorliegen (siehe oben) und sie oder er infolgedessen zur Ansicht gelangt, dass sie oder er diesen Eingriff im Angesicht der möglichen Komplikationen trotzdem durchführen lassen möchte, ist diesem Wunsch mit Blick auf die medizinische Risikoabwägung derzeit nichts entgegenzuhalten.

Unmoralische Komplizenschaft

Etwas anders verhält es sich mit einer weiteren Klasse von Gründen, die manchmal gegen Schönheitsoperationen angeführt werden. Diese werden als sogenannte Komplizenschaftsargumente bezeichnet. Im Kontext der Schönheitschirurgie wurde eine solche Argumentation etwa von Kathryn Morgan und Margaret Little in die Debatte eingeführt (vgl. Little 1998; Morgan 1991; für neuere Überlegungen vgl. Friele 2000; Ach 2006). Der Gedankengang ist dieser: Wenn sich Klientinnen und Klienten sowie Ärztinnen und Ärzte an Schönheitsoperationen beteiligen – sei es, weil sie einen Eingriff bei sich selbst wünschen oder diesen durchführen –, machen sie sich zu Komplizinnen oder Komplizen einer im Wortsinn unter die Haut gehenden unmoralischen Norm oder eines Systems solcher Normen. Beispiele einer unmoralischen Komplizenschaft sind etwa der Wunsch von asiatischen Frauen nach einer Korrektur von vermeintlich ‚asiatischen' Nasen und Augenlidern, die sie ‚westlicher' aussehen lässt, das Anliegen von jüdischen Frauen, ihre vermeintliche ‚Hakennase' zu korrigieren, um ihre Herkunft zu verschleiern, oder die Intention von dunkelhäutigen Frauen, mit einer ‚Aufhellung' ihrer Haut ihre Jobchancen zu erhöhen (vgl. Morgan 1991, 36; Little 1998, 166). Was genau ist daran unmoralisch? Für Morgan und Little ist ausschlaggebend, dass sich die Klientinnen und Klienten sowie Ärztinnen und Ärzte durch diese Arten von ästhetischen Eingriffen an einem System von diskriminierenden Normen beteiligen. Dieses System beinhaltet, dass ein bestimmtes Erscheinungsbild (hier: ‚westliche' Nase und Augenlider, helle Haut) zur ästhetischen Norm erhoben wird und für Andersaussehende mit erheblichen gesellschaftlichen Nachteilen verbunden ist, etwa auf dem Arbeits- und Wohnungsmarkt.

Begründet liegt die Abwertung nicht selten in rassistischen Vorurteilen gegenüber bestimmten Bevölkerungsgruppen, zum Beispiel der Ansicht, Asiaten, Juden und afrikanisch-stämmige Menschen seien von Natur aus dumm, raffgierig oder gewalttätig (vgl. Morgan 1991, 153; Little 1998 165–166). Nun muss allerdings auch erwähnt werden, dass beide Autorinnen aufgrund der gesellschaftlichen Vorurteile und der damit verbundenen Nachteile auch ein gewisses Verständnis aufbringen können, wenn sich Klientinnen und Klienten sowie Ärztinnen und Ärzte an der Praxis der ästhetischen Chirurgie beteiligen. Letztendlich rechtfertigen lässt sich diese Praxis ihrer Ansicht nach aber nicht. Sowohl Klientinnen und Klienten als auch Ärztinnen und Ärzte unterstützen nicht bloß harmlose ästhetische Vorlieben, sondern sind Komplizen eines Systems, das auf diskriminierenden Vorurteilen beruht. Und das ist ein negativer Gesichtspunkt, den man nicht außer Acht lassen sollte.

Wie ist das Argument einzuschätzen? Hierzu drei Überlegungen:

Erstens ist zu betonen, dass das Komplizenschaftsargument nur auf bestimmte Eingriffe bezogen ist und nicht zur Verwerfung der gesamten Schönheitschirurgie führen muss. So mag es noch recht eindeutig sein, dass hinter Brustvergrößerungen, Fettabsaugungen und Lid- und Augenstraffungen ein bestimmtes System von Normen und Vorurteilen steckt, mit dem man in moralischer Hinsicht nicht sympathisieren sollte. Wie aber steht es mit solchen kosmetischen Eingriffen wie dem Entfernen nicht-bösartiger Muttermale? Diese und ähnliche Eingriffe sind nicht in der gleichen Weise moralisch kontaminiert. Entsprechend kann das Komplizenschaftsargument auch nicht als Allzweckwaffe gegen alle ästhetischen Eingriffe ins Feld geführt werden, sondern muss in seiner Reichweite auf diejenigen beschränkt werden, denen nachweislich diskriminierende Vorurteile zugrunde liegen.

Zweitens ist darauf hinzuweisen, dass ein Komplizenschaftsargument aus unserer Sicht kein abschließendes Argument gegen diese Praxis formulieren kann. Wer sich einer Schönheitsoperation unterzieht oder diese anbietet, übt nicht selbst eine unmoralische Handlung aus, sondern unterstützt gegebenenfalls ein System von unmoralischen Handlungen. Diese Person ist mithin nur Komplizin oder Komplize, aber keine Täterin oder Täter. Es wäre daher zu überlegen, ob die Komplizenschaft nicht gegenüber anderen Werten und Normen abgewogen werden muss. Kann es nicht Fälle geben, in denen eine unmoralische Komplizenschaft gerechtfertigt ist? In der Tat scheint es solche zu geben, etwa wenn hochrangige moralische Ziele im Spiel sind. Ein Beispiel könnten Fälle sein, in denen jemand sein Leben dem Kampf gegen Rassismus widmet, aber zur Ansicht gelangt, dass er oder sie das nur subversiv bewerkstelligen kann, also selbst durch einen ästhetischen Eingriff zum Mitglied einer diskriminierenden Gruppe wird, um diese von innen heraus zu entradikalisieren. Man mag aber auch noch an andere Fälle denken, die vielleicht weniger anspruchsvoll sind. Der springende Punkt ist jedenfalls: Wer eine Komplizenschaft mit einem unmoralischen System eingeht, realisiert möglicherweise einen Unwert. Dass dieses jedoch durch nichts in der Welt aufgewogen werden könne, ist wenig überzeugend.

Drittens sollte aber auch nicht aus den Augen verloren werden, dass die Komplizenschaft mit diskriminierenden Schönheitsidealen trotz ihrer prinzipiellen Abwägbarkeit kein marginalisierbares Kavaliersdelikt ist. Entsprechend liegt es nahe, dass die Notwendigkeit eines solchen Eingriffs vonseiten der Klientin oder des Klienten von vornherein reflektiert und hinterfragt werden sollte. Eine Möglichkeit, dies zu gewährleisten, besteht im Rahmen des Ärztin-Patienten- bzw. Arzt-Klientinnen-Verhältnisses. Ohne an dieser Stelle in eine gründliche Diskussion der verschiedenen Modelle einsteigen zu können, erscheint uns ein deliberatives Modell des Arzt-Patientinnen- bzw. Ärztin-Klienten-Verhältnisses besonders aussichtsreich zu sein, wenn es um die Erfordernisse in der ästhetischen Chirurgie im Allgemeinen und des Komplizenschaftsarguments im Speziellen geht (zu diesem und weiteren Modellen klassisch vgl. Emanuel/Emanuel 1992 und die Anwendung auf die ästhetische Chirurgie in Kirkland/Tong 1996). Der Grundgedanke besteht darin, dass die Klientinnen und Klienten nicht einfach unreflektierten Schönheitsidealen folgen. Vielmehr befähigt die Ärztin oder der Arzt sie in einem dialogischen Austausch, die eigenen Wünsche und Wertvorstellungen und deren soziale Bedingtheit zu erkennen sowie die Grenzen und Risiken eines ästhetischen Eingriffs zu reflektieren. Oder nochmal anders ausgedrückt: Die Klientin oder der Klient soll dazu befähigt werden, eine informierte Einwilligung geben zu können. Darüber hinaus wird in einem so angelegten deliberativen – also auf gemeinsamer Überlegung gründenden – Prozess auch zur Sprache kommen müssen, ob die intendierten Ziele möglicherweise alternativ realisiert werden können. Wenn das der Fall ist, erscheint es aus individualethischer Sicht nur rational, diese Alternativen auch zu wählen. Im negativen Fall wird es hingegen komplizierter: Dann kommt es, so unsere Ansicht, auf die Hochrangigkeit der Ziele an, die die Komplizenschaft übertrumpfen müssen (siehe die zweite Überlegung oben). Zu entscheiden, wann ein solches Ziel hochrangig genug ist, um das zu leisten, erfordert eine ethische Diskussion, die wir an dieser Stelle dem akademischen Fachdiskurs überlassen möchten. Dass es solche übertrumpfenden Ziele jedenfalls zu geben scheint, wurde oben schon herausgestellt. Diese gilt es sodann auch im Ärztin-Patienten-Verhältnis bzw. Arzt-Klientinnen-Verhältnis zu überprüfen und im Anschluss gemeinsam gegenüber der Komplizenschaft abzuwägen. Wenn ein solches Ziel hingegen nicht auszumachen ist, muss die Handlung als ethisch fragwürdig gelten.

Sozialer Zwang

Wie sind die sozialethischen Argumente gegen die Schönheitschirurgie zu beurteilen? An dieser Stelle möchten wir zwei Gesichtspunkte diskutieren – einen, der mit dem sozialen Zwang zur Schönheitsoperation zu tun hat, und einen, welcher die Frage nach dem gerechten Zugang zu solchen Eingriffen betrifft.

Beginnen wir mit dem Zwangsargument: Dieses geht von der gesellschaftskritischen Prämisse aus, dass die Wahl einer Schönheitsoperation gegenwärtig in vielen Fällen nicht vollständig autonom erfolgt, sondern eine – etwas paradox ausgedrückt – „freie Wahl unter Zwang" darstellt, weil die Klienten unter hohem gesellschaftlichen Druck bestimmte Schönheitsideale realisieren müssten (vgl. Bordo 1998, 203). Ein Beispiel hierfür stellt der Fall der Deborah Voigt dar, die im *Royal Opera House* Sängerin war. Voigt sah sich nach ihrer Aussage mit der Empfehlung ihres Arbeitgebers konfrontiert, sich einer Schönheitsoperation zu unterziehen, weil sie nicht in ein für sie vorgesehenes Kostüm passte. Als Voigt sich weigerte, wurde sie entlassen. Auch im Medien- und im Dienstleistungssektor wird ein repräsentatives Äußeres verlangt, das sich am Ideal eines jugendlichen, schlanken und dynamischen Erscheinungsbildes orientiert (vgl. Scharschmidt 2014, 62). Bekannt ist auch das ‚dynamische Kinn' der New Yorker Maklerbranche, welches gerade in Zeiten der Wirtschaftskrise in den schönheitschirurgischen Praxen vermehrte Nachfrage erfuhr (vgl. Herrmann 2006, 79).

Zunächst einmal ist darauf hinzuweisen, dass der soziale Druck tatsächlich nicht für alle Menschen und alle Branchen in der gleichen Weise besteht. Das scheint insbesondere für Akademikerinnen und Akademiker zu gelten, die in größtenteils intellektuell fordernden Berufen arbeiten. Für diese Gruppe ist das eigene Äußere zwar nicht vollkommen unerheblich, aber, so lassen sich einige Studien interpretieren, nicht entscheidend für den beruflichen Erfolg (zu diesem und dem folgenden Punkt vgl. Fenner 2019, 137). Und die Akademikerinnen und Akademiker sind nicht die einzige Gruppe, auf die das zutrifft. Es scheint auch für die sozioökonomisch Schlechtergestellten zu gelten, für die das eigene Körperbild aus Sicht einiger Soziologinnen und Soziologen ebenfalls von nachrangiger Bedeutung zu sein scheint.

Darüber hinaus wäre auch zu hinterfragen, ob der soziale Druck tatsächlich in der antizipierten Schärfe besteht oder ob es sich hierbei nur um Panikmache oder bestenfalls Zukunftsmusik handelt. Diese Frage stellt sich insbesondere deshalb, weil sich zwar reihenweise soziologische Beiträge finden, die das Phänomen diagnostizieren und erklären wollen – man denke zum Beispiel an das Konzept der „Biopolitik" von Michel Foucault und dessen breite Rezeption (vgl. Maasen 2008, 108–109; Ruck 2012, 80–81; Straub 2012, 110–111). Allerdings sind kaum empirische Studien vorhanden, die die Zusammenhänge zwischen der Wahl einer Schönheitsoperation und sozialem Druck erhellen könnten (dazu vgl. Fenner 2019, 137). Andererseits: Auch wenn ein solcher sozialer Druck herrschen würde, müsste immer noch begründet werden, dass es sich tatsächlich um einen ethisch nicht zu rechtfertigenden unmoralischen Druck handelt. In vielen Bereichen des Lebens sind wir nämlich bereit, einen gewissen Zwang zu akzeptieren – sei es für die branchenübliche Arbeitskleidung, bei der Regelung des Straßenverkehrs oder den Benimmregeln am Essenstisch. Zwar können wir uns diesem Zwang und Druck prinzipiell widersetzen. In diesem Fall haben wir allerdings mit Sanktionen zu rechnen, zum Beispiel von Arbeitgebenden, von der Polizei oder von der Sitznachbarin oder dem Sitznachbarn. Kurzum: Man braucht eine zusätzliche Rechtfertigung, warum der Zwang zur Schönheitsoperation ethisch zu verurteilen ist.

Betrachten wir einige Möglichkeiten: Man könnte etwa darauf abstellen, dass der soziale Druck, den eigenen Körper für den beruflichen Erfolg verändern zu müssen, einen dazu zwingt, erhebliche gesundheitliche Risiken auf sich zu nehmen. Allerdings wurde oben schon erläutert, dass die medizinischen Risiken solcher Operationen zwar nicht klein geredet werden sollten, aber alles in allem gesehen überschaubar sind. Vielleicht ist ein solcher Druck aber auch falsch, weil dadurch Menschen ein Eingriff in ihren Körper aufgezwungen wird, den sie nicht wollen? Auch das ist nicht überzeugend, da wir – wie oben schon erläutert – sehr wohl bereit sind, manche Arten von Druck (z. B. durch Regeln des Straßenverkehrs) zu akzeptieren, und daher nicht jede Durchkreuzung des eigenen Willens zu verurteilen ist. Eine andere Möglichkeit, zu begründen, warum der soziale Druck zu kritisieren ist, besteht darin, auf seine unmoralische Natur zu verweisen. Er führt dazu, dass wir in einer Gesellschaft leben müssen, die uns ständig in eine unmoralische Situation bringt, zum Beispiel dahin, dass wir eine unmoralische Komplizenschaft eingehen müssen, um beruflichen Erfolg zu haben. Das Komplizenschaftsargument wurde oben schon diskutiert und ist sehr ernst zu nehmen. Es ist nicht von der Hand zu weisen, dass eine Gesellschaft, die eine solche Art von Komplizenschaft von uns verlangt, sich in moralischer Hinsicht nicht gerade von ihrer besten Seite zeigt. Wir sollten in jedem Fall vermeiden, dass eine

solche Entwicklung tatsächlich stattfindet oder sogar fort-
geführt wird. Als Gegenmaßnahme empfiehlt sich dafür
gesellschaftliche Aufklärung, zum Beispiel von politischer
oder medizinischer Seite – man denke etwa an die Arbeit
der sogenannten „Koalition gegen den Schönheitswahn"
der Bundesärztekammer (vgl. Bundesärztekammer 2004) –
oder vielleicht sogar eine Einschränkung der medialen
Inszenierung des Themas ‚Schönheitsoperationen', zum
Beispiel durch ein Verbot von aggressiver Werbung
(ähnlich vgl. Ach 2011, 204). Welche Maßnahmen
auch immer ergriffen werden, klar scheint zu sein: Ein
sozialer Druck, der die Individuen in eine unmoralische
Komplizenschaft zwingt, ist aus sozialethischen Gründen
kaum zu akzeptieren und sollte mit geeigneten Mitteln
verhindert werden.

Zugangsgerechtigkeit

Damit kommen wir zur Frage nach der Zugangsgerechtigkeit, die oben schon kurz als ernst zu nehmender
Gesichtspunkt genannt wurde. Den Ausgangspunkt des
Arguments bildet der Umstand, dass ästhetische Eingriffe in der Regel nicht zum Nulltarif zustande kommen,
sondern mit erheblichen Kosten für den Klienten oder
die Klientin verbunden sind. Entsprechend wird nicht
jede Person, die einen ästhetischen Eingriff an sich durchführen lassen möchte, sich diesen auch leisten können.
Wenn es zudem stimmt, dass in vielen Fällen privater
und beruflicher Erfolg in nicht unerheblichem Maße vom
Aussehen abhängen (siehe Halo-Effekt oben), ergibt sich
daraus eine Herausforderung für die Zugangsgerechtigkeit.
Es bedeutet nämlich, dass vielen Menschen der Zugang zu
privatem und beruflichem Erfolg aus finanziellen Gründen
erschwert und mitunter sogar ganz verbaut werden

könnte. An dieser Stelle könnte man natürlich kulturkritisch entgegnen, dass man den zugrundeliegenden Lebensstil überhaupt nicht teilen sollte. So gesehen wäre der mangelnde Zugang dann überhaupt kein Problem. Denn warum sollte man die mangelnde Möglichkeit zu einem Lebensstil beklagen, der in ethischer Hinsicht ohnehin abzulehnen ist? Nun glauben wir nicht, dass die Sachlage ganz so einfach ist, wie eine solche Kulturkritik zu unterstellen scheint. Das liegt vor allem daran, dass wir nicht sehen können, was eigentlich am Wunsch nach sozialen Bindungen und Beziehungen – um als Beispiel ein privates Ziel herauszugreifen – falsch sein sollte (zu den Motiven siehe die Überlegungen oben). Das scheinen vielmehr Anliegen zu sein, die in so gut wie allen ethischen Traditionen rechtfertigungsfähig sind. Entsprechend sollte jeder Mensch dazu auch prinzipiell einen Zugang haben. Und eine Gesellschaft, die das unterminiert, hat ein nicht unerhebliches Gerechtigkeitsproblem.

In diesem Zusammenhang kann daher überlegt werden, ob die finanziellen Kosten für ästhetische Eingriffe nicht vom Staat übernommen werden sollten, so dass für alle ein Zugang sichergestellt wird. Das ist tatsächlich eine Möglichkeit, die in den Niederlanden praktiziert wurde. Dort wurden ästhetische Eingriffe sehr lange zur medizinischen Grundversorgung gerechnet. Als jedoch in den 1980er Jahren die Kosten für Schönheitsoperationen explodierten, konnten die Eingriffe nicht länger durch die Solidargemeinschaft getragen werden (vgl. Davies 1995, 34–35). Das Beispiel zeigt also: Diese Möglichkeit droht an den realen Gegebenheiten zu scheitern, denn sie ist schlicht zu teuer. Allerdings gibt es noch eine weitere Möglichkeit. Diese besteht darin, zu versuchen, den Zusammenhang der Variablen ‚Schönheitsoperation‘ und ‚privater und sozialer Erfolg‘ zu entkoppeln. Ein solcher

Prozess kann etwa auf gesellschaftspolitischer Ebene angelegt sein und verschiedene Dinge beinhalten. Eine der wichtigsten Stellschrauben wurde bereits öfters genannt. Es muss eine Aufklärung des Zusammenhangs stattfinden und darüber hinaus eine öffentliche Diskussion angeregt werden, wie verhindert werden kann, dass Menschen, die sich keine Schönheitsoperation leisten können, der Zugang zu privatem und beruflichem Erfolg erschwert oder sogar verwehrt wird.

2.4 Fazit und Ausblick

Wenn wir den vorigen Überlegungen folgen, gibt es ein ganzes Arsenal an guten Gründen, warum ästhetische Eingriffe positiv bewertet werden können. Aus Sicht der Klientinnen und Klienten handelt es sich um eine (vermeintliche) Möglichkeit, privaten und beruflichen Erfolg zu ermöglichen, ein selbstbestimmtes Leben zu führen, sich selbst zu einem Kunstwerk zu machen oder altruistischen Werten zu folgen. Möglicherweise kann man noch anführen, dass solche Eingriffe zur Zufriedenheit des Individuums beitragen oder den Selbstwert steigern – auch wenn gegenwärtig die empirischen Befunde das nicht belegen können. Aus Sicht eines liberalen Staates stellen ästhetische Eingriffe zudem eine von vielen Praktiken dar, die vor allem selbstbezüglich sind und daher auf den ersten Blick (für den ‚zweiten Blick‘ siehe unten) niemandem Schaden zufügen. Sie sind daher nicht durch Verbote zu sanktionieren, sondern sollten geduldet oder gar ermöglicht werden.

Was könnte also daran auszusetzen sein? Es gibt nicht wenige Bedenken, von denen wir die aus unserer Sicht wichtigsten dargestellt und bewertet haben. Hierbei zeichnete sich ab, dass die meisten Argumente keine durchschlagenden Argumente sind, sondern allenfalls zu einer modifizierten Praxis führen. Das betraf etwa die individualethischen Gesichtspunkte, die mit möglicherweise pathologischen Motiven und medizinischen Risiken zu tun haben. Diese sind als Herausforderungen ernst zu nehmen, doch ist ihnen durch erweiterte Vorsorgepflichten (z. B. im Rahmen eines deliberativen Ärztin-Patienten bzw. Arzt-Klientinnen-Verhältnisses) und möglicherweise auch durch einen verbesserten Verbraucherschutz zu begegnen. Gleiches gilt für alle sozialethischen Problemstellungen rund um die Frage nach dem gerechten Zugang zu ästhetischen Eingriffen. Nicht jede Person, die aus gutem Grund eine Schönheitsoperation vornehmen lassen möchte, kann sich diese auch leisten. Nimmt man weiterhin an – wie wir es tun –, dass es sich hierbei um legitime persönliche Ziele handelt, die es gesellschaftlich zu ermöglichen gilt, entsteht ein Gerechtigkeitsproblem im Zugang. Hierbei ist man natürlich mit einer Herausforderung konfrontiert – eine solche allerdings, die prinzipiell leicht zu bewältigen ist, zum Beispiel dadurch, dass auf einer gesellschaftspolitischen und medialen Ebene dafür geworben wird (möglicherweise auch regulativ), die Verbindung zwischen Aussehen und privatem und beruflichem Erfolg zu durchbrechen und nach weniger oberflächlichen Idealen Ausschau zu halten.

Darüber hinaus lassen sich aber auch noch zwei schlagkräftigere Argumente gegen die ethische Angemessenheit von Schönheitsoperationen ausmachen. Zwar können auch diese keine Generalabrechnungen mit der Praxis der Schönheitschirurgie tragen, doch sind sie nicht so einfach durch kleine Eingriffe in die Praxis aufzulösen wie die anderen Herausforderungen. Es handelt sich um das individualethische Argument der Komplizenschaft und das sozialethische Argument des gesellschaftlichen Drucks. Zunächst zur Komplizenschaft: Das

Argument beruht darauf, dass man eine Entscheidung für einen ästhetischen Eingriff nicht lediglich für sich selbst trifft. Vielmehr leistet man durch sie einen Beitrag zu einem unmoralischen System von Normen, welches offen oder latent auf diskriminierenden (z. B. sexistischen und rassistischen) Vorurteilen beruht. Zwar wurde bereits betont, dass sich die Komplizenschaft nicht für alle Eingriffe diagnostizieren lässt. Für viele der klassischen Eingriffe wie Brustimplantate, Fettabsaugungen oder Nasenkorrekturen und Lidstraffungen dürfte das aber naheliegen. Zwar wurde auch betont, dass diesem Umstand entgegengewirkt werden kann, indem die Klientin oder der Klient für die Problematik sensibilisiert wird (z. B. im Arzt-Klient-Gespräch) und ihr oder ihm alternative Möglichkeiten aufgezeigt werden. Insofern jedoch weiterhin der Wunsch nach einem Eingriff besteht und die ethische Güterabwägung negativ ausfällt (und das wird sie zumindest in manchen Fällen), sollte die regulatorische Legitimität einer Schönheitsoperation nochmals geprüft werden.

Damit zum Argument des gesellschaftlichen Drucks: Es ist nicht nur so, dass die Komplizenschaft in moralischer Hinsicht fragwürdig ist, sondern es könnte auch sein (noch fehlen, wie oben gezeigt, die Belege), dass die gesellschaftlichen Zusammenhänge einen sozialen Druck entstehen lassen, der die individuelle Komplizenschaft fördert bzw. für das Individuum nahezu unausweichlich macht, wenn es bestimmte Ziele erreichen will. An dieser Stelle könnte natürlich eingewendet werden, dass sowohl der individuellen Komplizenschaft als auch dem sozialen Druck mit gesellschaftspolitischen Maßnahmen entgegengetreten werden kann, zum Beispiel durch Aufklärungsprogramme in Schule und Alltag. Das ist in jedem Fall zu begrüßen. Und es ist auch nicht von der Hand zu weisen, dass diese Kampagnen

3

Auf dem Weg zum Cyborg. Das Beispiel der somatisch-medizinischen Eingriffe

3.1 Einleitung

Selbstoptimierungen durch medizinische Eingriffe werden heute schon im großen Stil praktiziert. Mit der Schönheitschirurgie haben wir im letzten Kapitel bereits eine Möglichkeit kennengelernt. In diesem Kapitel soll es um eine weitere Form von Maßnahmen gehen, nämlich solche, die der funktionalen Implantologie, der Chirurgie sowie weiterer pharmakologischer oder gar somatisch genetischer Verbesserung zuzuordnen sind. Damit sind derzeit vor allem Eingriffe in den menschlichen Körper angesprochen, die dazu dienen, bestehende Körperfunktionen zu verbessern oder neue hinzuzufügen. Dazu gehören zwar auch solche, die das menschliche Gehirn und seine Leistungsfähigkeit betreffen.

J.-H. Heinrichs und M. Rüther, *Technologische Selbstoptimierung – wie weit dürfen wir gehen?*, #philosophieorientiert, https://doi.org/10.1007/978-3-662-65354-8_3

43

Da wir die Optimierung der Gehirnfunktionen allerdings im nächsten Kapitel zum Gegenstand machen werden, möchten wir sie in diesem Kapitel aussparen. Es wird vielmehr ausschließlich um solche Verbesserungen gehen, die menschliche Gliedmaßen, Körperteile oder andere Organe betreffen. Das können schon sehr gewichtige Veränderungen sein. Einige mögen hierbei an Cyborgs denken, etwa an die Borg aus der Fernsehserie „Star Trek". Die Borg sind Wesen, die zahlreiche Implantate nutzen, um ihre Leistung zu verbessern, ja, es gehört sogar zu ihrem Wesen, sich nicht mehr nur als biologische Wesen zu verstehen. Die Borg sind – neben ihren herausragenden kognitiven und kommunikativen Fähigkeiten – in einer Weise körperlich modifiziert, die sie stärker, schneller und geschickter macht als normale Menschen.

Die Borg sind natürlich (noch) Science-Fiction. Gleichwohl muss man auch festhalten, dass es mittlerweile eine Reihe von Möglichkeiten in der funktionalen Implantologie, der leistungssteigernden Pharmakologie und weiteren medizinisch-technischen Subdisziplinen gibt, die Leistungsfähigkeit menschlicher Körper zu erweitern. Die meisten Technologien hierzu stammen aus der medizinischen Praxis und dienten ursprünglich der Bekämpfung von physischen Leiden und Krankheiten. Ein vielleicht besonders naheliegendes Beispiel stellen Prothesen dar. Sie wurden ursprünglich entwickelt, um motorische Nachteile von Menschen auszugleichen. Gegenwärtig sind einige Prothesen jedoch bereits so weit entwickelt, dass sie es Personen im Hinblick auf konkrete Tätigkeiten ermöglichen, leistungsfähiger zu sein als trainierte Personen ohne Prothesen. Andere funktionale Implantate, insbesondere komplexe Gliedmaßen wie

Hände, sind dem biologischen Original bislang an Kraft und Geschick noch unterlegen. Allerdings – und auch das ist eine wichtige Funktion – können sie schon jetzt bei Schaden schnell ersetzt werden und sind für bestimmte Formen von Schäden, Schnitte beispielsweise, weniger anfällig als die biologische Vorlage. Künstliche Sinnesorgane, etwa in Form des Cochlea-Implantats, mittels dessen ertaubte Menschen ihren Hörsinn zurückerhalten können, gibt es schon länger. Künstliche Augen, zum Beispiel in Form von Retina-Implantaten, sind hingegen nach wie vor in einem eher frühen Entwicklungsstadium und erlauben erst rudimentäre visuelle Wahrnehmung über kurze Zeit. Einige Implantate ermöglichen es, neue Funktionen in den Körper zu integrieren. Dazu zählen beispielsweise magnetische Implantate in den Fingerspitzen, die dazu befähigen, Magnetfelder zu erspüren. Wieder andere, etwa ein Implantat in den Fußsohlen, das abhängig von der Entfernung und Stärke bei allen Erdbeben vibriert, haben eher einen geringen praktischen Nutzen. Darüber hinaus lassen sich auch Beispiele aus der Pharmakologie nennen. Zu denken wäre etwa an Dopingsubstanzen, die (bislang) überwiegend im Sport eingesetzt werden. Die sportspezifische ethische Dimension werden wir hier aussparen, weil sie eine separate Diskussion erforderte. Diese Substanzen können aber auch in anderen Kontexten verwendet werden, etwa dort, wo Personen in der Lage sein wollen oder müssen, schwere körperliche Arbeit zu leisten. Ein Beispiel hierfür wäre etwa die Nutzung anaboler Steroide, um auf Dauer schwerere Lasten heben zu können, oder der Einsatz von Schmerzmitteln, um belastende Arbeiten länger erträglich zu machen.

3.2 Die ethischen Gründe für somatisch-medizinische Eingriffe

Mehr Glück, mehr beruflicher Erfolg, mehr Autonomie

Zu den klassischen Gründen, die man als Befürworter von Enhancement-Technologien anführen kann, gehört sicherlich der Hinweis auf die Steigerung des eigenen Wohlergehens. Ein solcher Aspekt des Wohlergehens sind die sogenannten hedonischen Freuden. Warum sollte es nicht einfach Freude machen, schneller laufen zu können (vgl. Gesang 2007, 47)? Es fühlt sich einfach gut an, so etwas zu tun. Die *what-it-is-likeness* (zur Terminologie vgl. Nagel 1974), also der gefühlte Charakter solcher Tätigkeiten, mag in der Tat ein guter Grund für den operativen Eingriff (z. B. für eine Beinprothese) sein. Systematische empirische Belege dafür, dass Personen aus diesem Grund zu körperlichen Verbesserungsmaßnahmen greifen, gibt es aber unseres Wissens bisher nicht.

Darüber hinaus dürften sicherlich auch Gründe zum Tragen kommen, die mit der eigenen Wettbewerbsfähigkeit zu tun haben. Denn manche dürften einen guten Grund für operative oder pharmakologische Eingriffe haben, wenn sie dadurch in kompetitiven Zusammenhängen einen Vorteil hätten. Wer körperlich so verbessert ist, dass er oder sie effektiver oder länger arbeiten kann und weniger Schlaf benötigt, hat auf dem Arbeitsmarkt möglicherweise bessere Chancen als jemand, der sich der technologischen Leistungssteigerung verweigert.

Ebenso wichtig sind aber sicherlich auch Vorteile, die nicht in Wettbewerbsszenarien anzutreffen sind: Menschen könnten operative Eingriffe etwa aus dem Grund erwägen, weil sie dadurch besser das tun könnten, was ihnen wichtig ist. Der operative Eingriff stünde damit im Dienste der Umsetzung des eigenen Lebensplanes, kurzum: Er dient der eigenen Autonomie. Und das ist, wie bereits im Kapitel über Schönheitsoperationen diskutiert, auf der positiven Seite der Gründe zu verbuchen, die für eine solchen Eingriff sprechen (dazu s. auch Abschn. 2.2).

Jenseits des Eigeninteresses: Moralische Integrität und Sinnfindung

Neben den selbstbezüglichen gibt es auch darüberhinaus-gehende Gründe für körperliche Selbstoptimierung. So fällt es nicht schwer, sich vorzustellen, dass Menschen nach operativen Eingriffen auch in altruistischen, künst-lerischen oder anderen Projekten produktiver und effektiver sind, als sie es sonst sein könnten. Das kann sich auch auf Tätigkeiten auswirken, die moralischer Natur sind oder sonstige selbsttranszendierende Ziele haben. Beispiele wären der Arzt, der sich aufgrund erhöhter körperlicher Widerstandsfähigkeit in ein Krisengebiet wagt, das vorher zu gefährlich gewesen wäre (z. B. auf-grund von Seuchen); ein Wissenschaftler, der aufgrund eines optimierten Biorhythmus länger an einem wichtigen Impfstoff forschen kann; oder ein Künstler, der aufgrund von sensibleren künstlichen Gliedmaßen geschickter im Umgang mit den zur Verfügung stehenden Materialien wäre. Ein Vorgeschmack auf Letzteres dürfte sich in den Werken des Künstlers Stelarc finden, insbesondere in dessen Versuch, einen dritten – wenn auch noch nicht implantierten, sondern robotischen – Arm in sein Bewegungsmuster zu inkludieren (für einen Überblick über Stelarcs Werk vgl. Köhler 2018). Für ein Individuum gibt also eine ganze Reihe von Gründen, die für die genannten operativen Eingriffe sprechen. Einige betreffen sein eigenes Wohl, einige andere gehen sogar darüber hinaus.

Die Steigerung des gesellschaftlichen Wohlstandes

Ein weiterer häufig ins Feld geführter sozialethischer Gesichtspunkt ist die Steigerung des gesellschaftlichen Wohlstandes. Die grundsätzliche Argumentationslinie ist etwa die folgende (vgl. Gesang 2007, 47; Bostrom 2003; Naam 2005, 56 f.): Zunächst konstatiert man die volkswirtschaftliche These, dass eine höhere Produktivität und Innovationskraft der Bürgerinnen und Bürger zugleich ein höheres Wirtschaftswachstum und mehr Steuereinnahmen bedeuten, wovon wiederum die Bürgerinnen und Bürger, zum Beispiel durch sozialstaatliche Leistungen oder andere Anreize, profitieren können. Man akzeptiert also die These, dass mehr Leistung (hier verstanden als: mehr Produktivität und Innovation) mehr Wohlstand bedeutet. Körperliche Verbesserungen und Implantate hätten eben die Eigenschaft, das Individuum leistungsfähiger zu machen. Ein diesbezüglich verbessertes Individuum könne unter Umständen mit weniger Schlaf auskommen, schwerer und länger arbeiten und trotz alledem noch weniger an Krankheiten leiden (welche die Produktivität einschränken könnten). Diese leistungsfähigeren Personen würden, so die Annahme, Nachahmer unter denjenigen finden, die am gesellschaftlichen Aufstieg interessiert sind. Im Endeffekt führe diese Entwicklung dazu, dass sich immer mehr Bürgerinnen und Bürger ‚verbessern' ließen, so dass die Gesamtproduktivität steige, was wiederum die Steuereinnahmen erhöhe und damit den gesellschaftlichen Wohlstand vermehre. Die Gleichung ist also recht einfach: mehr Verbesserungen, mehr Produktivität, mehr Wohlstand für alle. Soweit jedenfalls die Theorie. Wenn man jedoch auf die Praxis der fachwissenschaftlichen Diskussion blickt, sieht die Lage schon anders aus. Da wären zunächst die definitorischen Fragen: Wird nicht mit dem Begriff ‚Wohlstand' eine viel zu enge, nämlich auf ökonomische Zusammenhänge fokussierte Zielgröße angenommen? Bedeutet mehr Leistung wirklich mehr Wohlstand? Und nicht zuletzt kann man die empirische Evidenz hinterfragen: Gibt es eigentlich eine Datenbasis für die These, dass eine (Selbst-)Verbesserungswelle bei den Bürgerinnen und Bürgern einsetzen wird, wenn sie daraus einen Wettbewerbsvorteil ziehen können?

Natürlich: Aus dem *bloßen* Hinweis auf mögliche Rückfragen lässt sich noch kein grundsätzlicher Zweifel ableiten. Dennoch möchten wir an dieser Stelle zumindest zur Vorsicht mahnen. Die These, dass Cyborgisierung und Wohlstand Hand in Hand gehen, ist nicht selbstevident, sondern vielmehr eine, in die einiges an theoretischer Arbeit investiert werden muss – in die Verteidigung ihrer Definitionen, in die Darlegung der Zusammenhänge und in ihre empirische Absicherung. Ob diese umfang-reiche Arbeit erfolgversprechend ist, lässt sich aus unserer Sicht (noch) nicht mit abschließender Bestimmtheit sagen. Selbst für den Fall, dass dies zutreffen sollte, wird man zwei weitere Fragen beantworten müssen, um aus der Mehrung gesellschaftlichen Wohlstandes auch auf Vorzugswürdigkeit zu schließen: Erstens ist zu fragen, ob Cyborgisierung eine bessere Methode ist, schwere und gefährliche Arbeiten zu erleichtern, als mögliche und bereits praktizierte Alternativen wie die Automatisierung und Ersetzung menschlicher Arbeitskräfte durch Roboter. Zweitens wird man fragen müssen, und wir werden das im

Folgenden noch tun, ob der angeblich gesteigerte Wohlstand so verteilt sein wird, dass auch alle Gesellschaftsmitglieder von ihm profitieren. Gerade wenn einige Menschen sich körperlicher Verbesserung unterziehen, um schwere und gefährliche Arbeiten verrichten zu können, besteht die Gefahr, dass sie von den Früchten ihrer Arbeit nicht hinreichend profitieren.

Soziale Chancengleichheit

Nun gibt es allerdings auch noch andere Argumente, die dafür sprechen, dass eine technologische Leistungssteigerung das Zusammenleben der Bürgerinnen und Bürger verbessern kann. Hierzu gehören etwa solche, die die Chancengleichheit von sozial Schlechtergestellten zum Gegenstand haben. Was ist damit gemeint? Unter Chancengleichheit versteht man zunächst ein Gerechtigkeitsmerkmal eines gesellschaftlichen Systems, nämlich die Möglichkeit, dass alle Bürgerinnen und Bürger, die gleich an Einsatz und Fähigkeiten sind, die gleichen Aufstiegschancen haben (der *locus classicus* ist Rawls 1975). Das Kind einer Migrantenfamilie aus Berlin/Neukölln sollte die gleichen Berufschancen haben wie der reiche Sprössling aus München/Schwabing – immer vorausgesetzt, dass beide die gleichen Fähigkeiten haben und den gleichen Einsatz aufwenden. Schon das scheint, wenn man etwa den OECD-Studien zur Bildungsgerechtigkeit Glauben schenkt, in Deutschland (und nicht nur dort) keineswegs der Fall zu sein, da insbesondere die soziale Herkunft ein entscheidendes Kriterium für den Bildungserfolg und damit auch den späteren beruflichen Erfolg darstellt (OECD 2018). Eine Möglichkeit, die Ungerechtigkeit in den Chancen zu durchbrechen,

besteht darin, die sozialen Ausgangsbedingungen anzu-
gleichen. Tatsächlich tun wir das, indem wir Förder-
programme auflegen (z. B. im Bildungsbereich), um die
Schlechtergestellten zu unterstützen. Warum sollten wir
aber bei solchen Programmen stehen bleiben – zumal
diese Programme, wenn man sie im Detail durchblickt,
zumeist nur von geringem Erfolg gekrönt sind? Könnten
sozial Schlechtergestellte nicht auch davon profitieren,
dass sie einfacheren Zugang zu Maßnahmen der körperlichen Selbstverbesserung hätten? Eine Person, die
körperlich schneller und länger arbeiten kann (z. B. weil
sie mit Hilfe eines Biochips gelernt hat, ihren Körper
zu überwachen), könnte dann die Möglichkeit haben,
schlechtere soziale Startbedingungen auszugleichen. Zwar
dürfte der Effekt bei kognitiven Selbstverbesserungen
noch größer sein (s. Abschn. 4.2), aber auch körperliche Verbesserungen könnten durchaus einen die Sozial-
programme begleitenden Faktor darstellen.

Eine Kompensation der natürlichen Lotterie

In diesem Zusammenhang kommt noch ein weiterer
Aspekt ins Spiel. Denn die körperlichen Verbesserungen
könnten nicht nur für mehr soziale Chancengleichheit
sorgen, sondern auch helfen, die natürliche Ungleichverteilung von Anlagen auszugleichen (vgl. Buchanan/
Brock/Daniels u. a. 2000, 67 ff., 152). Es ist ja nicht von
der Hand zu weisen, so die Argumentation, dass einige
vom Schicksal mit unterdurchschnittlicher Begabung
bedacht worden sind. Einige sind langsamer, hören
schlechter oder haben sonstige organische Nachteile,
die sie in gesellschaftlicher Hinsicht ins Hintertreffen
bringen. Die Nachteile dieser Menschen durch körperliche

Verbesserungen zu kompensieren, könnte daher nicht nur ein verdienstlicher Akt sein, sondern auch im Sinne eines gerechten Zusammenlebens einen guten Grund darstellen. In der Diskussion gibt es Vorschläge, solch eine Angleichung körperlicher Fähigkeiten sehr systematisch zu betreiben. Das würde bedeuten, Personen je nach ihren konkreten körperlichen Fähigkeiten Maßnahmen anzubieten, um sie einem Durchschnitt oder einem vordefinierten Standard anzunähern (einen solchen Vorschlag unterbreiten etwa Meili 2008, 129 und Link 2012, 356). Diese Idee von Egalität scheint aus unserer Sicht aber – wenn wir die finanzielle Realisierbarkeit einmal voraussetzen – nicht erstrebenswert. Um die zwei Hauptgründe kurz auszuführen: Zum einen muss konstatiert werden, dass für viele Menschen die eigene Individualität ein identitätsstiftendes Element ist. Dadurch, dass sie sich in ihren körperlichen Anlagen von anderen Menschen unterscheiden, können sie sich als eine einzigartige Persönlichkeit begreifen. Ein solches Selbstverständnis würde jedoch unter dem Ideal einer vollkommenen Angleichung körperlicher Merkmale erheblich leiden, sofern alle durch den Einsatz von Chips und Implantaten auf dasselbe Niveau gehoben werden könnten – was ohnehin empirisch zweifelhaft erscheint. Zum anderen könnte die intendierte Angleichung auf eine Homogenität in den körperlichen Eigenschaften der Bürgerinnen und Bürger hinauslaufen. Man könnte nämlich vermuten, dass die meisten Menschen sich in ganz ähnlicher Weise optimieren wollten. Wenn das der Fall sein sollte, litte jedoch die Problemlösungskompetenz einer Gesellschaft, da diese gerade eine Heterogenität und Diversität der Bürgerinnen und Bürger voraussetzt.

3.3 Die ethischen Gründe gegen somatisch-medizinische Eingriffe

Medizinische Risiken und Komplikationen

Eine der ersten Herausforderungen, die in individual-ethischer Hinsicht zu beachten sind, wenn man an medizinische und insbesondere operative Eingriffe denkt, sind die individuellen medizinischen Risiken, die hierbei entstehen können. Sind diese und ähnliche Eingriffe nicht zu riskant, um sie zu erlauben? An dieser Stelle möchten wir ähnlich wie bei der Diskussion der Schönheitschirurgie dafür eintreten, dass diese Frage verneint werden muss. Um die drei wichtigsten Diskussionspunkte herauszugreifen:

Erstens könnte man etwa Zweifel an solchen Eingriffen hegen, weil man denkt, die Entscheidungen dafür seien nicht freiwillig, sondern beruhten auf pathologischen Motiven oder träten als Nebeneffekte von psychischen Erkrankungen auf. Allerdings: Wenn man einmal die unplausible These beiseite lässt, dass derartige Entscheidungen immer pathologischer Natur sind, lässt sich diesem Vorbehalt sehr gut im Rahmen eines deliberativen Ärztin-Patienten- bzw. Arzt-Klientinnen-Verhältnisses entgegentreten, indem das Individuum über mögliche Risiken aufgeklärt wird, gemeinsam mögliche Alternativen in Erwägung gezogen werden und auch eine psychologische Aufklärung der Motive und über mögliche Weiterbehandlung erfolgt (s. auch Abschn. 2.4).

Zweitens könnten sich eventuell Kollisionen mit einer sogenannten Pflicht gegen sich selbst ergeben. Damit sind solche Verpflichtungen gemeint, die wir etwa hinsichtlich unseres Körpers haben, und zwar unabhängig davon, ob wir diese gutheißen oder nicht (der *locus classicus* für diese

These ist Kants Tugendlehre im zweiten Teil der *Metaphysik der Sitten,* §§ 1–22). Wir könnten als Menschen beispielsweise – ein wenig verkürzt ausgedrückt – einer moralischen Pflicht unterliegen, unsere jeweilige körperliche Integrität aufrechtzuerhalten, da unser jeweiliger Körper der ‚Sitz' unserer Personalität und damit auch unserer Autonomie ist. Gibt es solche Pflichten tatsächlich, so dass es ethisch unangemessen sein könnte, bestimmte operative Risiken einzugehen? Die Antworten auf diese Frage sind zahlreich und hängen nicht zuletzt von einer Reihe von Grundsatzentscheidungen in der Ethik ab. Um unsere eigene Position zumindest anzudeuten: Wir sind eher pessimistisch, dass sich *solche* Arten von Pflichten gegen sich selbst begründen lassen. Das liegt nicht so sehr daran, dass wir denken, es könne prinzipiell keine Pflichten gegen sich selbst geben – vielleicht lässt sich tatsächlich dafür argumentieren. Die zentrale Herausforderung ist vielmehr, dass eine Pflicht gegen sich selbst nur die jeweilige Person betrifft und insofern kein irgendwie ‚von außen' sanktionsfähiges Verbot *für alle* rechtfertigen kann. Zudem müsste die Pflicht zur körperlichen Integrität so stark sein, alle anderen Werte (oder hier: alle positiven Gründe für eine Operation) in der Abwägungssituation zu überwiegen. Sie müsste eine Abwägung sogar kategorisch verbieten. Und das ist eine Behauptung, die wir aufgrund der Verschiedenartigkeit individueller Werthierarchien für unplausibel halten. Was für den einen ein zu hohes Risiko ist, scheint für den anderen durchaus verschmerzbar, und solange eine übergeordnete Pflicht zur Erhaltung der eigenen körperlichen Integrität nicht zweifellos ethisch begründet ist, erscheint eine solche Abwägung mindestens ethisch erlaubt.

Drittens könnte aber auch eingewendet werden, die Inkaufnahme der Risiken sei problematisch, weil man dadurch nicht sich selbst, sondern Menschen aus dem sozialen Nahbereich schädigt. Zum Beispiel könnten negativ verlaufende Hochrisiko-Operationen einen gravierenden Einfluss auf das familiäre Zusammenleben haben (etwa auf die finanzielle Grundversorgung der eigenen Familie). Dies gilt es in jedem Fall zu berücksichtigen. Eine Möglichkeit besteht etwa darin, den Verbraucherschutz zu verbessern und zusätzliche Sicherheitsforschung zu betreiben, um das Risiko zu minimieren. So könnte man gleichzeitig am Eingriff festhalten, ohne jedoch dem Vorwurf des zu hohen Risikos ausgesetzt zu sein.

Zusammengefasst: Es gibt medizinische Vorbehalte, die man ernst nehmen muss. Es gibt jedoch keine, die nicht aus der Welt zu schaffen sind. Wenn man, wie wir vorgeschlagen haben, Pflichten gegen sich selbst ablehnt und sich zudem bemüht, geeignete regulatorische Schutzschirme (Aufklärung, Verbraucherschutz und Sicherheitsforschung) aufzuspannen, scheint wenig dafür zu sprechen, die Eingriffe aufgrund von medizinischen Risikoabwägungen prinzipiell infrage zu stellen.

Die Unnatürlichkeit der körperlichen Selbstoptimierung

Aber ist es nicht unnatürlich für Menschen, sich in dieser Weise zu verändern? Entspringt der Wunsch nach körperlicher Verbesserung nicht einem Veränderungsdrang, der abzulehnen ist? Muss es nicht irgendwann einmal genug sein? Diese und ähnliche Fragen nehmen unter dem Begriff ‚Natürlichkeitsargumente‘ in der biomedizinischen Enhancement-Debatte einen breiten Raum ein (bereits klassisch vgl. Birnbacher 2006; für einen neueren Überblick vgl. Heinrichs/Rüther/Stake 2022, Abschn. 5.1.2.5). Besonders prominent und zugleich kontrovers diskutiert wurden etwa die Berichte des vom ehemaligen US-Präsidenten George W. Bush eingesetzten *President's Council on Bioethics,* dessen Mitglieder davon ausgehen, dass die menschliche Natur im Speziellen und die gesamte Natur im Allgemeinen als ein ‚Geschenk' aufzufassen sei, das es zu erhalten und pflegen, aber nicht zu manipulieren gelte (vgl. exemplarisch President's Council on Bioethics [U.S.] 2003). Entsprechend wird auch das körperliche Enhancement als unzulässiger Eingriff in die natürlichen Gegebenheiten abgelehnt und mitunter sogar als ‚Hybris' (also: unangemessene Überheblichkeit) bezeichnet, weil in ein bereits ‚von Natur aus' optimiertes System eingegriffen wird (zum Hybris-Argument vgl. auch Sandel 2007, bes. Kap. 5).

Die Kritiker der Position des Gremiums sehen das alles selbstverständlich ganz anders. Für sie steht fest, dass ein Denken, das auf die Natürlichkeit als Begründungsressource in der Ethik setzt, hinter viele Einsichten der Neuzeit zurückfällt. Es sei schlicht nicht mit der Evolutionstheorie zu vereinbaren, setze eine ungerechtfertigte Wertmetaphysik voraus, propagiere ein romantisches Naturverständnis und begehe einen sogenannten Sein-Sollen-Fehlschluss (also: den ungerechtfertigten Schluss darauf, dass etwas nur, weil es faktisch so *ist,* auch normativ so sein *soll*) – und das sind nur einige wenige einschlägige Vorwürfe (zur Darstellung der Vorwürfe vgl. Rüther/Reichardt 2016).

Es scheint beinahe so, als bestünde zwischen den Lagern eine tiefe Kluft. Die einen sehen Natürlichkeit als überzeugendes Argument gegen Enhancement, die anderen verwerfen es als Restmetaphysik oder Pseudoromantik. Allzu oft jedoch versperrt eine dogmatische Position (und zwar nicht nur in der Ethik) die Sicht auf die wirklichen Einsichten, weshalb wir uns lieber den Detailargumentationen zuwenden. Um damit zu beginnen, was uns richtig erscheint: Wir meinen, dass die Verteidigerinnen und Verteidiger des Arguments auf einen relevanten ethischen Punkt hinweisen, wenn sie das Natürliche als natürlich Gewachsenes verstehen und in Opposition zum künstlich Gemachten setzen; und wir akzeptieren auch, dass sie einer verbreiteten Intuition folgen, wenn sie Ersterem gegenüber Letzterem eine besondere Rolle zusprechen. So gestehen selbst die schärfsten Kritikerinnen und Kritiker zu, dass trotz aller Abgrenzungsproblematik zwischen Natürlichkeit und Künstlichkeit das natürlich Gewachsene einen – wie Dieter Birnbacher es nennt – „intuitiven Bonus" besitzt (Birnbacher 2006, Abschn. 2.2). Damit ist gemeint, dass die meisten Menschen intuitiv natürlich Gewachsenes schätzen und gegenüber dem künstlich Hergestellten bevorzugen. Nun sind wir in der Ethik allerdings nicht so sehr an vortheoretischen Intuitionen, sondern an wohlüberlegten Urteilen interessiert. Wie lässt sich also die verbreitete Wertschätzung des natürlich Gewachsenen ethisch rechtfertigen? Auf diese Frage sind mindestens zwei prominente Antworten gegeben worden: Eine erste schlägt einen tugendethischen Pfad ein und wird zum Beispiel von einem Mitglied des *Council*, Michael Sandel, vertreten (für das Folgende vgl. Sandel 2007, 85–92). Sandel meint ganz im Geiste der Tugendethik von Aristoteles, dass es im Leben zwar nicht ausschließlich, aber doch vor allem darauf ankomme, einen guten Charakter auszubilden. Dieser mag durch viele Dinge bestimmt sein, eine Sache gehöre aber in jedem Fall dazu: die Demut vor den eigenen natürlich gewachsenen Anlagen. Wir sollen, so Sandel, damit zufrieden sein, wie unser Körper ist. Dieser sei zwar nicht perfekt, aber doch gut genug. Ein Mehr sei nicht notwendig. Und was ist mit Menschen, die sich in technologischer Hinsicht körperlich verbessern wollen? Nach Sandel setzen sich diejenigen, die dem „Impuls zur

Herrschaft über sich selbst" *(drive to self mastery)* nach-geben, der Gefahr aus, einen schlechten, nämlich ruhe-losen und selbstüberschätzenden Charakter auszubilden.

Darüber hinaus gibt es aber auch noch einen zweiten Weg, die Wertschätzung für das natürlich Gewachsene zu begründen. Dieser besteht darin, nicht auf den Charakter, sondern auf die Art der Handlung abzustellen. Eine solche deontologische Strategie verfolgt etwa Michael Haus-keller (vgl. exemplarisch Hauskeller 2011). Dieser nimmt den grundsätzlichen Gedankengang von Sandel auf, variiert ihn jedoch in entscheidender Hinsicht: Zwar sei es richtig, dass Personen, die Enhancement-Maßnahmen in Anspruch nehmen, durch ihre Handlungen eine schlechte Charakterbildung zeigen, aber das sei gar nicht der ent-scheidende Punkt. Wichtiger scheint für Hauskeller zu sein, dass die durch den Charakter ausgeübte Handlung eine ethisch nicht gerechtfertigte ist. Genauer gesagt, fehlt der Handlung seiner Ansicht nach etwas, was im Leben nicht fehlen darf, nämlich eine Verbindung zur natürlich gewachsenen Wirklichkeit. Wir könnten uns nicht mehr als Bestandteil derselben begreifen und würden damit – so seine Formulierung – zu in kosmischer Hinsicht „heimat-losen" Kreaturen. Wir gehörten dann, wie man sagen könnte, nicht mehr dazu.

Was ist von den beiden Begründungen zu halten? Um einmal drei kritische Gesichtspunkte herauszugreifen (vgl. dazu auch ausführlicher Rüther/Heinrichs 2019):

Erstens geben Sandel und Hauskeller wenig Auskunft darüber, wie eine Wertdifferenzierung innerhalb des natür-lich Gewachsenen vorgenommen werden muss. Nicht jede körperliche Selbstverbesserung scheint intuitiv in der gleichen Weise problematisch zu sein – man denke an das Einsetzen eines Chips gegenüber der Substitution eines gesamten Körpers inklusive seiner Organe und Gliedmaßen.

Zweitens stellt sich die Frage, ob sich die Polarisierung zwischen gutem natürlich Gewachsenen und schlechtem künstlich Gemachten konsistent durchhalten lässt. Wie wären etwa Dinge wie künstliche Därme, Herzschrittmacher oder Beinprothesen einzuschätzen, die zwar nicht natürlich gewachsen sind, aber einen beträchtlichen Mehrwert für das Individuum haben? Zwar könnte man einwenden, es handele sich hierbei um Eingriffe, die nicht dem Bereich der Selbstoptimierung zugerechnet werden sollten, sondern der Heilung und Bekämpfung von Krankheiten. Allerdings ist darauf hinzuweisen, dass damit systematisch Tür und Tor geöffnet wird, um weitere Differenzierungen zwischen akzeptabler und nicht-akzeptabler Veränderung des natürlichen Körpers und seiner Bestandteile vorzunehmen. Zudem muss man fragen, ob dann alles natürlich Gewachsene solch einen moralischen Vorschuss verdient – man denke etwa an Tumore, Parasiten oder pandemieauslösende Erreger. Eine pauschalisierende Verurteilung *aller* künstlichen Veränderungen ist also ebenso wie ein pauschaler moralischer Vorschuss für alles natürlich Gewachsene nicht zu rechtfertigen.

Drittens – und das ist der gewichtigste Punkt – ist aus unserer Sicht nicht zu sehen, dass die Natürlichkeit (wie Sandel und Hauskeller in ihren Verteidigungen unterstellen) immer alle anderen Gesichtspunkte, die für die Selbstoptimierung sprechen könnten, überwiegt. Zwar argumentieren namhafte Autoren dafür, dass sich der positive Wert der Natürlichkeit aufzeigen lässt. Ludwig Siep hat beispielsweise versucht, im Rahmen einer „Hermeneutik der kulturellen Selbstverständnisse" zu zeigen, dass es einen überlappenden Konsens in der positiven Bewertung des natürlich Gewachsenen auf verschiedenen kulturellen Ebenen gibt – vom gegenwärtigen Common Sense über die philosophische Tradition bis zu rechtlichen Grundlagentexten (vgl. Siep 2004, bes. Abschn. 5.2.1). Allerdings: Selbst wenn man diesem Versuch mit Wohlwollen begegnet, lässt sich mit dieser Strategie, wie auch Siep selbst anmerkt, ein für alle Situationen verallgemeinerbarer Vorrang des natürlich Gewachsenen nicht rechtfertigen (für die verschiedenen Abwägungsszenarien vgl. Siep 2004, Kap. 6). Am Ende ist es daher aus unserer Sicht schwer, mit dem Hinweis auf die ,Natur des Menschen' den Enhancement-Befürwortenden einen Strick zu drehen. Bestenfalls kann man noch sagen, dass die natürlich gewachsenen Bestandteile des menschlichen Körpers durchaus einen Wert haben – sei es, weil wir durch die Wertschätzung unseren Charakter positiv formen (Sandel) oder uns als Teile der natürlich gewachsenen Wirklichkeit verstehen können (Hauskeller). Das ist viel weniger, als manche Kritikerinnen und Kritiker der Selbstverbesserung anstreben, weil damit die Natürlichkeit zur abwägbaren Variable wird. Aber es ist aus unserer Sicht die einzige These, die sich ethisch rechtfertigen lässt.

Die Herausforderungen einer Zwei-Klassen-Gesellschaft

Es ist eine Binsenweisheit, die wir hier aber nicht unerwähnt lassen wollen: Medizinische Verfahren und insbesondere chirurgische Eingriffe sind teuer. Das hat Konsequenzen mit Blick auf das Zusammenleben der Bürgerinnen und Bürger. Es bedeutet nämlich, dass nicht alle Menschen sich solche Eingriffe aus eigenen Mitteln leisten können. Einige würden von den Errungenschaften der einschlägigen Technologie profitieren können, andere würden auf der Strecke bleiben. Nun ist das nicht unter allen Umständen ein Gerechtigkeitsproblem. Folgen wir etwa dem sogenannten ‚Differenzprinzip' von John Rawls, dann ist eine ungleiche Verteilung von Gütern in einer Gesellschaft in manchen Fällen gerechtfertigt, nämlich genau dann, wenn es den (bislang) Schlechtestgestellten dadurch besser geht, als es ohne diese Ungleichverteilung der Fall wäre (vgl. Rawls 1975, 95–96). So profitieren dieser Ansicht zufolge in einer Gesellschaft beispielsweise alle davon, wenn auch nur einige wenige besonders ausgebildet und deshalb besser geeignet sind, zentrale gesellschaftliche Positionen und Aufgaben zu übernehmen. Zum Beispiel könnten Personen, die spezielle Kompetenzen für ein politisches Amt erworben haben, zwar durch ihren Beruf mehr Geld verdienen als Personen in anderen Berufen, sie könnten aber im Gegenzug etwa eine Erhöhung des Mindestlohns oder bestimmte Tarifverträge durchsetzen, wodurch auch Angehörige anderer Berufsgruppen einen Vorteil hätten. Die Ungleichheit der Bildung und die damit einhergehende Ungleichheit gesellschaftlicher Positionen wäre daher gerechtfertigt.

Darüber hinaus lässt sich erfahrungsgemäß ein Effekt des sich ausweitenden Zugangs zu neuen Technologien am Beispiel von Kühlschränken und Fernsehern vorführen: Diese waren früher sehr teuer und konnten nur von einer kleinen Elite gekauft werden. Nach und nach ist allerdings der Wohlstand von oben nach unten ‚durchgesickert', so dass Kühlschränke und Fernseher für jedermann erschwinglich wurden. Heute sind sie ein Konsumgut der Masse. Ein ähnlicher Marktdurchsättigungseffekt wird auch hinsichtlich der ungerechten Verteilung von Implantaten und Chips erwartet. Diese mögen zwar zunächst nur für einen kleinen Kreis erschwinglich sein, nach einiger Zeit werden sie jedoch zur Massenware für alle, vergleichbar mit heutigen Mobiltelefonen. Die Ungleichverteilung wäre demnach gerechtfertigt, weil die zunächst Nicht-Begünstigten am Ende besser dastünden als zuvor (vgl. Naam 2005, 68 f.).

Der Marktdurchsättigungseffekt ist – zumindest für die Verbreitung von Gütern – ein gut untersuchtes und belegtes ökonomisches Phänomen, welches sicherlich auch auf die Operations- und Implantationskosten zutreffen wird. Leider sind damit die ethischen Verteilungsprobleme nicht gelöst, denn der Effekt bringt im Fall der körperlichen Selbstverbesserung noch eine unliebsame Konsequenz mit sich. So mag es zwar durchaus sein, dass es am Ende den zunächst Nicht-Begünstigten besser geht als zuvor. Diejenigen, die sich die Eingriffe im Vorhinein leisten können, sind aber im Vergleich noch besser dran. Das ist leicht zu sehen, wenn man berücksichtigt, dass Wettbewerb ein dynamisches Geschehen ist: Wer sich beispielsweise früh eine teure, aber besonders effektive körperliche Verbesserung leisten kann, hat einen Wettbewerbsvorteil gegenüber denjenigen, für die diese Verbesserung noch nicht erschwinglich ist. Zwar können sich die zunächst Nicht-Begünstigten diese irgendwann auch leisten. Im Wettkampf laufen sie jedoch immer hinterher. Sie bekommen, etwas überspitzt formuliert, den technologischen ‚Abfall‘ der Bessergestellten. In der Konsequenz kann das sogar zu einer Verstärkung der Ungleichverteilung der ökonomischen Ressourcen führen, so dass die Schere zwischen Arm und Reich noch mehr auseinanderklafft. Ein allgemeines Durchsickern von Wohlstand zu den Schlechtergestellten scheint also allein schon aufgrund der dynamischen Struktur des Wettbewerbs so nicht zu erreichen zu sein. Der Unterschied zwischen Arm und Reich mag sich zwar so verändern, dass es den zunächst Nicht-Begünstigten besser geht als vorher. Den ohnehin Bessergestellten wird es aber im Vergleich zu den Nicht-Begünstigten *noch* besser gehen. Sie werden aufgrund des Erstzugriffs auf die beste Technologie ihren kompetitiven

Vorsprung ausbauen können, so dass sich unweigerlich nicht nur die Frage nach der ökonomischen, sondern auch der beruflichen Chancengleichheit stellt. Dafür braucht es nicht einmal große chirurgische Eingriffe. Es reichen dafür kleine Modifikationen. Man denke zum Beispiel an eine technologische Verbesserung des Biorhythmus (z. B. um weniger Schlaf zu benötigen) oder des Immunsystems (z. B. höhere Widerstandsfähigkeit gegenüber Krankheiten) (für diese und weitere Beispiele vgl. Harris 1998, 237; Wenz 2005, 9). Derart modifizierte Personen arbeiten länger und werden weniger krank, so dass am Ende für Arbeitgebende eine höhere Produktivitätsleistung zu erwarten ist. Zwar mögen die Effekte bei der kognitiven Optimierung noch höher sein (s. Abschn. 4.2). Man sieht jedoch schon, wo die Reise hingeht: Selbst kleine körperliche Modifikationen können eine große Wirkung haben. Wenn zudem die ökonomisch Bessergestellten den Erstzugriff auf die Technologie haben, stellt sich unweigerlich die Frage, wie in diesem Fall noch von gleichen Ausgangschancen gesprochen werden kann.

Es gibt aber noch mehr mögliche unliebsame Effekte. Nicholas Agar und Robert Sparrow imaginieren nämlich den Fall, dass die ökonomischen und beruflichen Ungleichheiten auch solche in der moralischen Statusbewertung nach sich ziehen. Beide denken etwa an *Weighing-lives*-Szenarien in der modernen Medizin, in denen es unausweichlich ist, Menschenleben aufgrund von Ressourcenknappheit gegeneinander abzuwägen – von der Verteilung von Spenderorganen bis hin zu Triage-Bildung in Notsituationen. In diesen und weiteren Szenarien könnte es zu einer Bevorteilung der Bessergestellten kommen, die sich insbesondere durch ihre herausgehobenen ökonomischen Mittel auszeichnen. Wenn wir uns darüber hinaus noch vorstellen, dass die ökonomische Schere – wie oben beschrieben – durch die Legalisierung der körperlichen Selbstoptimierung weiter auseinander-geht, ist es umso plausibler, dass die ökonomische Schere sich möglicherweise auch auf die Verteilung von lebens-wichtigen Gütern oder sogar auf Rechte erstrecken könnte. Am Ende dieses Szenarios gelangen wir bei der vollständigen Legalisierung also zu einer undurchlässigen Zwei-Klassen-Gesellschaft, die sich durch eine Ungleich-heit im Zugang zu den ökonomischen Ressourcen, den beruflichen Chancen und möglicherweise den grund-legenden moralischen Rechten auszeichnet.

Für wen das zunächst unplausibel klingt, der sollte darauf schauen, wie solch eine Zwei-Klassen-Gesell-schaft entstehen kann. Alle Gesellschaften müssen Regeln aufstellen, die die Struktur des öffentlichen Raums festlegen. Zu denken ist dabei an so einfache Dinge wie Geschwindigkeiten und Höhe von Roll-treppen oder Gehwegbreiten etc. Diese Regeln wägen immer die Effizienz der jeweiligen Infrastruktur gegen die Zugänglichkeit ab: Je höher und schneller die Roll-treppen, desto mehr Personen können grundsätzlich transportiert werden, aber desto kleiner der Personen-kreis, der dazu Zugang hat: Personen mit Mobilitätsein-schränkungen fallen zuerst heraus, dann bald diejenigen, die einfach schlecht zu Fuß sind. Je mehr sich solche Standards aber an denen orientieren, die sich körperlichen Verbesserungen unterzogen haben, desto eher werden andere aus dem gesellschaftlichen Raum verdrängt. Und solche Regelungen betreffen eben nicht nur Rolltreppen, sondern unzählige Teile unserer Infrastruktur, von vor-gegebenen Kontrasten für Warnschilder oder Lautstärken von Signalen über die Komplexität der Sätze in amtlichen Bekanntmachungen bis hin zu Impfschutzanforderungen in Betreuungs- und Pflegeeinrichtungen (vgl. Wikler 2010).

An dieser Stelle ergeben sich mindestens vier Möglichkeiten, um das Szenario einer Ausweitung der Zwei-Klassen-Gesellschaft zu verhindern.

Erste Möglichkeit: Wir könnten versuchen, die ökonomische Ungleichheit im Zugang dadurch auszugleichen, dass wir die operativen Eingriffe für alle zugänglich machen, etwa durch eine staatliche Kostenübernahme. Nach den Erfahrungen in der wunscherfüllenden Medizin bestehen aber Zweifel, dass ein solches Modell in ökonomischer Hinsicht tragfähig ist (s. etwa den Beispielfall der Niederlande in Abschn. 2.3).

Zweite Möglichkeit: Man bindet die Zugangsmöglichkeit zu kostenintensiven und vielversprechenden Technologien an eine zusätzliche moralische Selbstoptimierung oder wenigstens ein entsprechendes Aufmerksamkeitstraining für die Bedürfnisse nicht-optimierter Personen, so dass es wahrscheinlicher wird, dass die dann Bessergestellten ihren technologischen Vorteil nicht in unmoralischer Weise ausnutzen – zum Beispiel für die Neuregelung moralischer Statusrechte. Einmal abgesehen von terminologischen Grundsatzfragen (Was bedeutet ‚moralische Selbstoptimierung'?) und den technischen Details in der Umsetzung (Wie kann man wen mit welchem Mittel moralisch verbessern?) verschwindet die grundsätzliche Herausforderung damit allerdings noch lange nicht. Wenn wir den Erfolgsfall annehmen, haben wir zwar den Zugang zu gleichen moralischen Statusrechten gesichert, aber die anderen Arten der Ungleichheit bleiben weiter bestehen. Selbst wenn gesellschaftliche Regelungen die mögliche Zusatzeffizienz für die Verbesserten zugunsten größerer Inklusion der Unverbesserten opferten, führte dies zu keinem Gleichheits-, sondern eher zu einem Duldungsverhältnis. Die technologisch verbesserten Cyborgs duldeten aus Wohlwollen die Klasse der technologisch unveränderten Menschen.

Dritte Möglichkeit: Man könnte die Idee erwägen, den Schlechtergestellten eine Kompensation anzubieten. Aber welche könnte das sein? Wenn es nicht um ein ‚Opium' für das Volk gehen soll, fällt einem eigentlich nur das politische Versprechen einer Umverteilung der ökonomischen Mittel ein, um so die Schere von Arm und Reich zu verkleinern oder – je nach Gesellschaftsbild – sogar zu schließen. Das scheint ein probates Mittel, um etwa auch einer Ungleichverteilung der beruflichen Chancen oder der moralischen Grundrechte entgegenzuwirken. Das Problem ist nur: Wie fast jede Forderung nach einer großflächigen ökonomischen Umverteilung scheitert diese häufig an der Realität. Das heißt: Sie wird nur schwer umsetzbar sein, insbesondere in dem Fall, wenn die Bessergestellten bereits diejenigen Schlüsselpositionen in Politik, Kultur und Gesellschaft besetzt haben, die eine solche Umverteilung initialisieren könnten.

Eine andere Variante solch einer Kompensation – die einer von uns tatsächlich für den besten Umgang mit der Thematik hält –, wäre der Versuch, die Lebensoptionen so weit wie möglich davon abzukoppeln, wie sie in der Konkurrenz um gesellschaftliche Positionen abschneiden. Das würde konkret bedeuten, gesellschaftliche Umstände zu schaffen, in denen keine radikalen bzw. überhaupt keine Enhancements nötig sind, um bestimmte Positionen zu erlangen, und in denen (radikale) Enhancements weniger Vorteile liefern als in einer ungezügelten Konkurrenzsituation. Solche Veränderungen sind keine Frage des Umgangs mit technologischen Selbstverbesserungen allein, sondern verweisen in den Bereich der Gerechtigkeitstheorie und der weiteren politischen Philosophie. Zu denken ist dabei beispielsweise an einkommens- oder eigentumsabhängige Subventionierung von bestimmten technologischen

Selbstverbesserungsmaßnahmen, aber insbesondere an gesellschaftliche Regelungen, die Personen nicht nur auskömmliche, sondern erstrebenswerte Lebensoptionen bieten, ohne sich in solche radikalen Konkurrenzsituationen zu begeben, beispielsweise durch so etwas wie ein bedingungsloses Grundeinkommen.

Vierte Möglichkeit: Man versucht – und das scheint dem anderen von uns am plausibelsten – diejenigen operativen Eingriffe einzuschränken, die die Ungleichheit im Zugang in besonderer Weise begünstigen, oder vor allem denjenigen zu ermöglichen, die sozioökonomisch am schlechtesten gestellt sind (zur Chancengleichheit s. Abschn. 3.2). Hierbei könnte man an alle Formen radikaler Eingriffe denken. Die moderaten Eingriffe hingegen könnten weiter möglich sein, insofern sie nicht die gleichen sozioökonomischen Folgekosten nach sich ziehen. Insbesondere müsste darauf geachtet werden, dass keine Kumulationseffekte entstehen. Damit ist der Effekt gemeint, dass eine große Menge an moderaten Selbstverbesserungen zu einer radikalen Selbstverbesserung führen kann. Um diesem Effekt entgegenzuwirken, ist etwa vorgeschlagen worden, die Menge an möglichen Eingriffen je Person zu beschränken (für diesen Vorschlag vgl. etwa Gesang 2007, 67). Der springende Punkt ist also: Aus unserer Sicht gibt es aufgrund einer drohenden Zwei-Klassen-Gesellschaft einen guten Grund, die Legitimität solcher Eingriffe nochmals zu hinterfragen.

3.4 Fazit und Ausblick

Das Bild, welches wir in den vorausgehenden Abschnitten gezeichnet haben, ist ambivalent. Wir sehen zum einen die Chancen: Körperliche Eingriffe bieten für das Individuum die Möglichkeit, seinen persönlichen

Lebensplan umzusetzen, seine Produktivität zu erhöhen, ganz allgemein das eigene Wohlbefinden zu steigern oder darüberhinausgehende Werte zu realisieren. Für das gesellschaftliche Zusammenleben könnten sich darüber hinaus noch weitere Chancen bieten: Möglicherweise ergeben sich positive Effekte für den gesellschaftlichen Wohlstand, vor allem aber kann bei einer Legalisierung die soziale und natürliche Chancengleichheit gefördert werden. So könnte man etwa dadurch, dass für sozial Schlechtergestellte oder natürlich Benachteiligte körperliche Verbesserungen verfügbar wären, die soziale und natürliche Ungleichheit ausgleichen. Anderseits: Man sollte auch nicht so tun, als sei die körperliche Selbstverbesserung ohne jegliche Gefahren. Einige davon wurden in den letzten Abschnitten genannt: Ein noch recht niedriges Gefahrenpotenzial sehen wir etwa auf der individuellen Ebene. Weder der Hinweis auf die medizinischen Risiken noch auf die Unnatürlichkeit solcher Eingriffe konnte einen entscheidenden Grund gegen operative Eingriffe formulieren. Bei der Auseinandersetzung mit den sozialethischen Argumenten sieht die Lage jedoch schon ganz anders aus. Gerade die Konsequenz einer möglichen Zwei-Klassen-Gesellschaft scheint uns besonders schlagkräftig zu sein. Es ist nicht auszuschließen, dass eine vollkommene Legalisierung ohne weitere Vorkehrungen dazu führen könnte, ein System von Ungleichheit entstehen zu lassen, welches sich insbesondere durch eine mangelnde Chancengleichheit in ökonomischer, beruflicher und moralischer Hinsicht auszeichnet.

Wie sind die Chancen und Risiken gegeneinander abzuwägen? Um das zu erkennen, hilft es, sich nochmals zu vergegenwärtigen, aus welcher Position heraus wir eigentlich die Abwägungsfrage stellen. Wir vergessen nämlich allzu oft, dass wir in einer ziemlich komfortablen Situation sind. Wir rufen nicht aus einer Krise nach Rettung, sondern aus einer Situation des Wohlstandes nach *noch mehr* Wohlstand. Die Vorteile, die eine Legalisierung der Technologie hätte, sind nicht von der Hand zu weisen: höhere individuelle Produktivität, mehr Wohlergehen, verbesserte Chancengleichheit etc. Es geht aber nicht um unsere Existenz und das Überleben der Art, sondern um die Kirsche auf der Torte. Auf der anderen Seite droht das Szenario einer möglichen ungerechten Zwei-Klassen-Gesellschaft. Das wäre eine Gesellschaft mit massiver ökonomischer, beruflicher und moralischer Ungleichheit. Zwar ist nicht ausgemacht, dass ein solcher Fall eintritt, aber auszuschließen ist es auch nicht. In jedem Fall aber gilt, dass es sich um ein ziemlich bedrohliches und ethisch höchst problematisches Szenario handelt. Im Klartext: Aus unserer Sicht haben wir es – alles in allem gesehen – mit einer Entscheidungssituation zu tun, in der die Vorteile vergleichsweise gering, aber die Nachteile groß sein können. In solchen Situationen empfiehlt es sich, eine *Maximin*-Strategie anzuwenden (für diesen Vorschlag Birnbacher vgl. 1988, 152). Das bedeutet: Wir sollten uns nicht am bestmöglichen Ausgang orientieren und versuchen diesen herbeizuführen (das wäre eine *Maximax*-Strategie). Vielmehr sollten wir unser Hauptaugenmerk auf den Worst Case richten und versuchen, diesen zu verhindern. Wir sollten also anstreben, dass MAXimum – die schlechtestmöglichen Folgen – möglichst MINimal zu halten. Und konkret auf den Fall der operativen Eingriffe bezogen: Es muss darum gehen, das mögliche Risiko einer Zwei-Klassen-Gesellschaft einzudämmen. Unsere Strategie dafür haben wir oben schon angedeutet. Es erscheint uns ratsam, gerade radikale Eingriffe von der Legalisierung auszunehmen oder sie – zur Förderung der sozialen und natürlichen Chancengleichheit – lediglich für Schlechtergestellte und

4

Mentale Leistungsfähigkeit steigern. Das Beispiel des Gehirndopings

4.1 Einleitung

‚Gehirndoping' ist ein in den Medien und der populär-wissenschaftlichen Literatur gebräuchlicher Begriff dafür, dass wir versuchen, unsere Denkfähigkeit oder unsere Gefühle mithilfe von technologischen oder pharmakologischen Mitteln zu verändern und zu verbessern. In der philosophischen Diskussion ist dagegen zumeist von kognitivem und emotionalem Enhancement die Rede. Wir versuchen, schärfer, konzentrierter, aufmerksamer oder schneller zu denken. Wir versuchen, unsere Stimmung aufzuhellen, unseren Stress zu lindern oder unsere Sorgen zu verdrängen, indem wir psychoaktive Substanzen oder technologische Hilfsmittel, wie etwa elektromagnetische Gehirnstimulation, benutzen.

Unter den Gehirndopingverfahren spielen die Alltagsdrogen die größte Rolle. Darunter dominieren im europäischen und amerikanischen Kulturraum Kaffee, Alkohol und – wenn auch abnehmend – Tabak. Andere Kulturräume hatten und haben ihre eigenen Alltagsdrogen, beispielsweise Marihuana oder Khat (vgl. Kamieński 2016). Neben diesen weit verbreiteten chemischen Verfahren, unser Denken und unsere Stimmungen zu beeinflussen, gibt es auch zahlreiche ebenso althergebrachte, aber heutzutage sozial und staatlich geächtete Mittel. Gemeint sind verbotene Drogen wie Heroin, Kokain oder Opium.

Daneben spielen neue Hilfsmittel, nämlich psychoaktive Medikamente, eine zunehmende Rolle. Einen erheblichen Teil dessen, was wir als Gehirndoping bezeichnen, machen Psychopharmaka aus, die zur Therapie psychischer Erkrankungen verwendet werden. Gesunde erhoffen sich von solchen Substanzen einen Effekt, der über den von Alltagsdrogen hinausgeht.

Die gängigsten Formen von Gehirndoping mit Psychopharmaka sind zunächst 1. die so genannten *smart drugs,* also in erster Linie Substanzen, die die Konzentration verbessern sollen, 2. ADHD-Medikamente, die längere Aufmerksamkeitsspannen versprechen, 3. Narkolepsie-Medikamente, die längere Wachphasen und weniger Schlaf möglich machen sollen, und 4. Anti-Dementiva, von denen man sich positive Effekte auf die Gedächtnisleistung erhofft. Außerdem werden Stimmungsaufheller (engl. *mood enhancer*) verwendet, wobei hier Medikamente im Vordergrund stehen, die ursprünglich gegen Depressionen oder gegen Angststörungen entwickelt wurden (vgl. Lieb 2010).

Am häufigsten werden solche Substanzen anscheinend von Lernenden an Schulen und Universitäten, von Wissenschaftlerinnen und Wissenschaftlern und anderen akademischen Berufsgruppen genutzt (vgl. Maher 2008).

Das bedeutet aber nicht, dass sie im weiteren Wirtschaftsleben keine Rolle spielen. Laut einem Bericht der DAK benutzen ungefähr 2 Mio. Arbeitnehmerinnen und Arbeitnehmer solche Mittel zur Leistungssteigerung (vgl. Deutsche Angestellten-Krankenkasse 2009). Das sind knapp 5 % der Angestellten. Allerdings sind solche Zahlen mit Vorsicht zu betrachten, denn im gerade genannten Fall bezieht sich die Zahl nicht darauf, wer regelmäßig solche Substanzen nimmt, sondern auf diejenigen, die so etwas überhaupt schon einmal getan haben. Die regelmäßige Nutzung dürfte weitaus seltener sein. Nichtsdestotrotz scheinen die Zahlen insgesamt eher zu steigen als zu sinken (vgl. Franke/Bonertz/Christmann u. a. 2011).

Neben den psychopharmakalogischen Methoden gibt es noch einige elektromagnetische Hirnstimulationsverfahren, deren Einsatz aber bislang eher selten ist. Vergleichsweise wenige gehen das Risiko und den Aufwand ein, sich Elektroden auf den Kopf zu kleben oder eine starke Magnetspule über den Schädel zu halten. Die bekanntesten Stimulationsverfahren nennen sich Transkraniale Magnetstimulation (TMS) und Transkraniale direkte Spannungsstimulation (tDCS). Sie stammen beide aus der medizinischen Forschung zu nichtinvasiven Verfahren, die Gehirnareale gezielt beeinflussen können. Beide basieren darauf, dass die Gehirnaktivität lokal durch die Einwirkung elektrischer Spannung verändert wird. Im Gegensatz zu den zahllosen Medikamenten mit etablierter medizinischer Verwendung gibt es bislang aber noch relativ wenige therapeutische Zulassungen für solche Verfahren. Dennoch wird in einschlägigen Foren im Internet und in sozialen Medien ausführlich über Selbstversuche zur Verbesserung von Denkfähigkeit und Stimmung diskutiert (vgl. Heinrichs 2012).

4.2 Die ethischen Gründe für Hirndoping

Gehirndoping als Mittel der geistigen Selbstgestaltung

Was spricht aus individualethischer Perspektive dafür, die eigene Stimmung oder das eigene Denken durch Mittel wie die eben beschriebenen zu verbessern? Eine erste, vielleicht offensichtliche Antwort lautet, dass solche Mittel es im Erfolgsfall erlauben, das eigene Denken und Fühlen nach den eigenen individuellen Vorstellungen zu gestalten (s. auch Abschn. 2.2 und 3.2). Man erfüllt sich Wünsche, die beinhalten, in welcher Stimmung man sein möchte, welche Einstellungen man hat, wie lange man sich konzentrieren kann und eventuell sogar, wie gut die eigene Auffassungsgabe ist. Die Möglichkeit, die eigenen geistigen Fähigkeiten nach eigenen Vorstellungen aktiv zu gestalten, gilt uns normalerweise als erstrebenswert. Bislang werden hier zwei unterschiedliche Gruppen von Kulturtechniken der Selbstgestaltung geschätzt. Dabei handelt es sich einerseits um Verfahren, in denen kognitive Fähigkeiten durch die Präsentation von Gründen modifiziert werden, wie in Bildungsangeboten oder Gesprächstherapien. Andererseits können kognitive Fähigkeiten auch unabhängig von Gründen modifiziert werden, wie in bestimmten Trainings und Meditationskursen. Es liegt also nahe, diese Wertschätzung von Selbstgestaltung vom kulturellen Normalfall nicht-gründeabhängiger Selbstgestaltung wie der Übung und des Trainings auf Methoden des Gehirndopings zu übertragen.

Allerdings müssen wir an dieser Stelle noch etwas präzisieren: Selbstgestaltung kann auch zu Zwecken eingesetzt werden, die moralisch problematisch oder inakzeptabel sind. Dasselbe Mittel zur Beruhigung von Gefühlen, das verhindert, dass Aufregung die Darbietung des Musikers beeinträchtigt, kann auch verwendet werden, damit Mitleid nicht die Hand des Mörders hemmt. Dass es sich bei Gehirndoping (wie auch bei den oben diskutierten Formen der Selbstgestaltung) um ein Mittel der *Selbst*gestaltung handelt, garantiert nicht, dass diese Selbstgestaltung auch moralisch angemessen ist. Diesen Einwand hat bereits Kant in seiner *Grundlegung zur Metaphysik der Sitten* (vgl. Kant 1999, 11) gegen den Vorschlag gemacht, Geistesgaben unabhängig von ihrer Verwendung als gut zu bezeichnen.

Dennoch scheint es moralisch vorzugswürdig zu sein, wenn Personen mehr Möglichkeiten zur Selbstgestaltung haben. Gibt es nur wenige solche Möglichkeiten, dann verhindert das, dass Personen das Leben ihrer Wahl führen können. Man müsste einen erheblichen anthropologischen Pessimismus an den Tag legen, um zu argumentieren, dass diese Begrenzung durch den möglichen Missbrauch dieses Gestaltungsfreiraumes gerechtfertigt würde. Davon abgesehen spricht natürlich nichts dagegen, die moralisch fragwürdigen Verwendungsweisen in anderer Weise als durch Verbote einzudämmen (siehe unten). Man kann mithin an der oben (s. Abschn. 1.5) eingeführten liberalen und pluralistischen Werttheorie festhalten, zugleich aber auch im Blick haben, dass es durchaus Missbrauchspotenzial gibt.

Gehirndoping als Mittel, emotive und kognitive Begrenzungen zu überwinden

Der zweite Grund, zu Gehirndoping zu greifen, besteht darin, dass diese Verfahren es uns erlauben, Grenzen zu überschreiten, an denen wir anderweitig scheitern würden. Wir erleben unsere eigenen Stimmungen, unseren eigenen Verständnishorizont oder den Umstand, dass wir uns ablenken lassen, oftmals als unüberwindliche Beschränkungen, gegen die wir vergeblich ankämpfen. Sollten Methoden des Gehirndopings in der Lage sein, diese Beschränkungen zu durchbrechen, wäre das ein wertvoller Beitrag zu unserer Lebensführung. Es ist zwar angemerkt worden, dass solche Änderungen die Gefahr bergen, personale Identität über die Zeit hinweg zu gefährden (vgl. Glannon 2002), allerdings dürfte kaum die Gefahr bestehen, durch Gehirndoping eine andere Person zu werden, sondern lediglich einige Persönlichkeitsmerkmale zu verändern. Und das ist ja gerade gewollt (vgl. Synofzik/Schlaepfer 2008).

Diese Überlegung ergänzt das obige Selbstgestaltungsargument. Gehirndoping ist demnach nicht nur ein Mittel der Selbstgestaltung wie konventionelle Mittel auch. Es ist zudem eines, das es uns erlaubt, Grenzen zu überwinden, die bislang jenseits unserer Eingriffsmöglichkeiten lagen (vgl. Fröding 2011; Schermer 2008). Beide Argumente – und besonders deren Kombination – bauen darauf, dass wir aktive geistige Selbstgestaltung als wertvoll erachten (sollten). Sie entstammen eher der tugendethischen Tradition, weil sie auf den Erwerb individueller Exzellenz abstellen. Damit unterscheiden sie sich vom folgenden, eher konsequenzialistischen Argument, das darauf schaut, was wir aufgrund dieser Exzellenz zu leisten in der Lage wären.

Gehirndoping als Mittel der Leistungsverbesserung und damit der Nutzensteigerung

Drittens wäre die Leistungsverbesserung durch Gehirndoping vor allem eines: eine Leistungsverbesserung. Wir wären in der Lage, mehr zu leisten, und im Normalfall schätzen wir die gesteigerte Leistungsfähigkeit. Ob wir sie immer in den Dienst von etwas stellen, das in unserem eigenen Interesse liegt, möchten wir einmal ausklammern. Nichtsdestotrotz ist es, wie einige Ethikerinnen und Ethiker richtig herausstreichen, im Normalfall besser, mehr leisten zu können als weniger (vgl. Harris 2007). Der Begriff der Leistung oder der Leistungsfähigkeit wird oft im Kontext von beruflicher Tätigkeit und wirtschaftlich verwertbarer Arbeitskraft diskutiert. Solch eine Engführung lässt leicht übersehen, dass Menschen auch in anderen Tätigkeiten etwas leisten. Wer engagiert seinem Hobby nachgeht, Kunst schafft, Musik macht, Sport treibt, einer Sammelleidenschaft nachgeht oder sich sozial engagiert, leistet ebenfalls auf dem jeweiligen Feld etwas. Auch das kann durch konventionelle Mittel oder durch Formen des (Gehirn-)Dopings verbessert werden. Mittel zur Leistungsverbesserung können es also Personen ermöglichen, in den Tätigkeiten besser zu werden, die sie selbst wertschätzen (vgl. Bostrom 2008, 111 ff.). Erfolge, die in solchen Tätigkeiten erzielt werden, sind zuallererst Vorteile für denjenigen, der sie erzielt, und als solche vorzugswürdig. Zudem dürften viele dieser Erfolge auch für andere vorteilhaft, nützlich oder anderweitig wertvoll sein.

Gehirndoping und das Recht auf Selbstgestaltung

Damit wenden wir uns den sozialethischen Argumenten zu und darunter zunächst einem oben bereits angeklungenen, indirekten Argument. Dieses spricht zwar nicht für Gehirndoping, aber gegen gesellschaftliche Maßnahmen zu dessen Begrenzung. Es lautet in aller Kürze: Ob und wie eine erwachsene Person sich selbst, ihren Charakter und Körper gestaltet, sollte nur dieser Person selbst obliegen.

Niemand hat ein moralisches Recht, sich in eine solche Entscheidung anderer einzumischen, weder individuell noch kollektiv. Selbstgestaltung ist demnach ein Recht, und solange die geeigneten Mittel dazu nicht andere oder die Gemeinschaft gefährden, sollte deren Gebrauch freigestellt sein. Dabei handelt es sich um das klassische liberale Argument, das John Stuart Mill schon 1859 in *Über die Freiheit* (englischer Originaltitel: *On Liberty*) vorgetragen hat (Mill 2011, 135 f.).

Die Rede von moralischen Rechten muss jedoch streng geschieden werden von der juristischen Verwendungsweise des Rechtebegriffs. Tatsächlich gibt es nämlich ein Recht staatlicher Institutionen, Bürgerinnen und Bürger von der Verwendung bestimmter Methoden der Selbstgestaltung abzuhalten. Sowohl das Betäubungsmittel- als auch das Arzneimittelrecht sind darauf ausgelegt, die Rechte von Bürgerinnen und Bürgern einzuschränken. Muss man daher mit Mill sagen, dass es sich hier um ethisch ungerechtfertigte Einschränkungen handelt? Das ist aus unserer Sicht eine zu starke These. Es ist zwar grundsätzlich zu konstatieren, dass gerechte Staaten versuchen sollten, den Lebensplänen ihrer Bürgerinnen und Bürger bis zu einem gewissen Grad neutral gegenüberzustehen (vgl. Rawls 1975). Wie weit diese Neutralität jedoch reicht und an welchen Punkten sie vielleicht sogar aufgegeben werden muss, sollte handlungsspezifisch entschieden werden. Sicherlich endet die Neutralität dort, wo Bürgerinnen und Bürger andere erheblich gefährden. Ob aber bereits Selbstgefährdung oder die Hilfe dazu – etwa in Form des Verfügbarmachens von psychoaktiven Substanzen – die Grenzen der Neutralität des Staates überschreiten, bleibt Thema anhaltender Kontroversen, die wir an dieser Stelle nicht diskutieren möchten. Wir halten zwar staatliche Vorkehrungen beim Inverkehrbringen von psychoaktiven Substanzen zum Schutz etwaiger

Nutzerinnen und Nutzer für grundsätzlich vertretbar. Allerdings sollte die Stärke der Maßnahmen, die von reinen Informationsverpflichtungen bis hin zu Verboten reichen, dem realen Gefährdungspotenzial angepasst sein. Das Recht auf Selbstgestaltung ist ein wesentlicher Bestandteil eines liberalen Staates und sollte daher nicht ohne gute Gründe eingeschränkt werden.

Gehirndoping und der kollektive Nutzen

Das oben angeführte Nutzenargument ist nicht nur aus individualethischer Perspektive relevant, sondern auch sozialethisch ernst zu nehmen. Damit ist nicht gemeint, dass wir eine auf Leistung ausgerichtete Gesellschaft gutheißen sollten, sondern vielmehr, dass mithilfe von Gehirndoping manche gesellschaftlichen Probleme möglicherweise besser angegangen werden könnten. Gegenwärtig werden in zahlreichen sozialen Kontexten Entscheidungen und Entscheidungsvorbereitungen nach Möglichkeit automatisiert, d. h. künstlich intelligente Systeme übernehmen Tätigkeiten, die ansonsten durch Menschen ausgeübt werden (vgl. Dräger/Müller-Eiselt 2019; Heinrichs/Rüther/Stake/Ihde 2022). Der Grund dafür ist typischerweise, dass wir uns davon bessere Entscheidungen erhoffen. Ähnliche Hoffnungen könnte man auch mit Blick auf das Gehirndoping hegen: Eine technologisch und pharmakologisch gesteigerte menschliche Intelligenz könnte einen kollektiven Nutzen haben, wenn wir beispielsweise Fragen der gesellschaftlichen Koordination und Planung oder des Umgangs mit globalen Risiken wie dem Klimawandel angehen (vgl. Buchanan 2011, 116).

Tatsächlich ist es bereits so, dass wir menschliche Intelligenzleistung mithilfe aller konventionellen Mittel

ausreizen, um solchen gesellschaftlichen Problemen zu
begegnen. Der Einfluss wissenschaftlicher Experten-
gremien auf politische Prozesse mag zwar noch
unzureichend sein, scheint aber sukzessive zuzunehmen.
Nicht nur werden diese Gremien nach Exzellenz aus-
gewählt, sondern es werden in deren Leistungsfähigkeit
auch erhebliche Mittel investiert. Wenn man zudem den
einleitend genannten Befragungen zur Verwendung von
Gehirndoping bei Wissenschaftlerinnen und Wissenschaftlern trauen darf, dann sind psychoaktive Substanzen
schon jetzt eines der gelegentlich verwendeten Mittel zu
einer solchen Verbesserung. Kurzum: Der gezielte und
kontrollierte Einsatz von Gehirndoping wäre nur die
Verlängerung eines Trends, dem wir bereits folgen. Auch
wenn dieser Trend individuell oft mindestens ebenso
von dem Bemühen getragen wird, den erheblichen
strukturellen Anforderungen des Wissenschaftssystems zu
entsprechen, wie davon, inhaltliche Probleme besser lösen
zu können.

Gehirndoping als Chancenausgleich

Gehirndoping ist aber – entgegen der tatsächlichen Verbreitung – nicht ausschließlich für kognitive Eliten
geeignet. Es gibt vielmehr die Vermutung, Gehirndoping könnte die Chancen von Personen mit geringeren
kognitiven Fähigkeiten oder mit emotionalen Schwierigkeiten verbessern. Dafür spricht unter anderem, dass
viele derzeit genutzte Gehirndopingmittel bei besonders
intelligenten oder besonders konzentrierten Personen
kaum Wirkung zeigen. Hingegen wirken sie besser
bei Personen, die bei diesen Fähigkeiten schlechter
abschneiden (vgl. Dresler/Sandberg/Bublitz u. a. 2019,
1140).

Damit ist Gehirndoping aufgrund der Wirkweise der meisten Mittel mehr als körperliche Verbesserungen oder Schönheitsoperationen geeignet, bestehende Nachteile in der natürlichen Lotterie auszugleichen. Neben diesem ohnehin vorhandenen pharmakologischen Effekt lässt sich Gehirndoping auch gezielt für jene subventionieren oder gar reservieren, die dessen Chancen ausgleichenden Effekt brauchen. Es wäre denkbar, dass man Personen mit bekannten kognitiven oder emotionalen Schwierigkeiten, die aber nicht als Erkrankung gelten, auf entsprechende Angebote zugreifen lässt. Gehirndoping wäre also möglicherweise ein Mittel zur Unterstützung von gesellschaftlicher Chancengleichheit (vgl. Buchanan 2011, 130), das allerdings Personen und nicht die gesellschaftlichen Strukturen verändert.

4.3 Die ethischen Gründe gegen Hirndoping

Gehirndoping, unerwünschte Nebenwirkungen und Langzeiteffekte

Was spricht für das Individuum dagegen, zum Gehirndoping zu greifen, wenn es doch die beschriebenen Versprechungen enthält? Zunächst ist festzuhalten, dass Gehirndoping wie jede andere Veränderung der Fähigkeiten eines Menschen Nebenwirkungen hat (vgl. Lieb 2010). Und wie so häufig gilt: je größer die Wirkung, desto größer auch die Nebenwirkung. Es sei hier explizit darauf hingewiesen, dass wir uns nicht nur auf Medikamente beziehen. Deren Nebenwirkungen stehen auf einem Beipackzettel. Aber selbstverständlich haben andere Maßnahmen auch Nebenwirkungen. Die bislang wohl

beste Maßnahme zur Verbesserung kognitiver Leistungsfähigkeit ist: Übung und Wiederholung. Dies geht oft
mit Bewegungsmangel, Veränderungen der Sehkraft und
Rückenschmerzen von langen Stunden vor Büchern und
Bildschirmen einher, was allgemein bekannt ist, aber
fälschlicherweise nicht als Nebenwirkung verstanden wird.

Über Nebenwirkungen kann man sich zwar grundsätzlich informieren, was allerdings voraussetzt, dass die
entsprechenden Informationen auch vorhanden und
zugänglich sind. Aber nicht jedes Mittel zum Gehirndoping durchläuft das für Medikamente vorgeschriebene
Zulassungsverfahren. Einige sind schlichte Nahrungsergänzungsmittel mit laxeren Informationserfordernissen,
andere stammen eventuell aus den Laboren sogenannter
Biohacker oder sind pflanzlichen Ursprungs und jenseits
industrieller Verfahren gewonnen. Aus individualethischer
Perspektive bedeutet das einen erhöhten Aufwand an
Selbsttransparenz und Informationsbeschaffung, der gegen
die möglichen Vorteile von Gehirndoping aufzuwiegen ist.

Gehirndoping und die Versuchung zur charakterlichen Selbstvernachlässigung

Es lässt sich außerdem fragen, ob technologische Mittel
der Selbstverbesserung nicht alternativen Verfahren unterlegen sind. Dieser Einwand gegen Gehirndoping ist derzeit nicht ohne Weiteres von der Hand zu weisen, aber
nicht aus prinzipiellen Gründen, sondern aufgrund des
Standes der Technik. Bislang sind die Effekte der meisten
Verfahren des Gehirndopings gering, während diejenigen
von Training, Meditation, Spazierengehen etc. relativ groß
sind (vgl. Ilieva/Boland/Farah 2013; Lieb 2010; Repantis/
Laisney/Heuser 2010; Repantis/Schlattmann/Laisney u. a.
2009; Repantis/Schlattmann/Laisney u. a. 2010). Dieses

Verhältnis kann sich aber mit fortschreitender technologischer Entwicklung schnell ändern.

Der Einwand ist aber nicht nur als Reaktion auf den Stand der Technik, sondern als grundsätzlicher Einwand entworfen worden, oft unter dem Begriff *fraudulent happiness,* also ‚gefälschtes Glück‘ (vgl. President's Council on Bioethics [U.S.] 2003). Der leitende Gedanke lautet, mit Gehirndoping erzielte Erfolge und Glücksgefühle seien denen, die mit konventionellen Mitteln erlangt werden, nicht ebenbürtig. Sie seien unverbunden mit individuellem Einsatz und Aufwand und deshalb nur ein minderwertiger Ersatz. Aber auch wenn wir individuellen Einsatz um seiner selbst willen für wertvoll halten: Es ist nicht klar, warum er notwendig dafür sein soll, dass wir es mit einem echten Erfolg oder einem vollwertigen Glücksgefühl zu tun haben. Auch sonst fallen uns Erfolge bisweilen ohne eigenen Einsatz oder Aufwand zu. Und meist schätzen wir sie dennoch ebenso wert wie Erfolge, um die wir uns bemüht haben. Für positive Emotionen, insbesondere Glücksgefühle, gilt dies umso mehr.

Darüber hinaus setzt der Einwand des ‚gefälschten Glücks‘ unplausiblerweise voraus, dass Personen stets nur zu einem Mittel der Selbstverbesserung greifen und alle andere scheuen. Es gibt aber keinen Grund anzunehmen, dass jemand, der ein technologisches Mittel nutzt, andere Mittel nicht berücksichtigt (vgl. Schermer 2008). Wer zu Training und Meditation greift, muss nicht unbedingt auf technologische Formen der Selbstoptimierung verzichten. Umgekehrt ist etwa der Griff zu körperlich verbessernden Nahrungsergänzungsmitteln bei Sportlern häufiger als bei Nicht-Sportlern (vgl. Hoebel/Kamtsiuris/Lange u. a. 2011) und die Verwendung von Gehirndoping bei Wissenschaftlern häufiger als bei Laien (vgl. Maher 2008). Sollten also nichttechnologische Mittel den technologischen überlegen sein, so dürfte man dennoch erwarten, dass die

Kombination aus beiden jeweils einem einzigen davon immer noch überlegen ist (vgl. Beck/Stroop 2015).

Der Einwand lässt sich – spekulativer, als wir für rechtfertigungsfähig halten – weiterverfolgen: Während bislang nicht einmal die Möglichkeit bestand, sich für seine Erfolge auf technologische Mittel zu verlassen, entstehe diese Gefahr nun mit der Erforschung und Verfügbarmachung von Gehirndoping. Würde es möglich, die eigenen Gefühle zu beherrschen, ohne am eigenen Charakter zu arbeiten, oder aufmerksamer und konzentrationsfähiger zu werden, ohne sich in geistiger Tätigkeit zu üben, würden zahlreiche Personen dieser Verlockung auch nachgeben. Möglicherweise gewönnen sie so die technologisch ermöglichten Varianten von emotionaler Kontrolle und geistiger Präsenz. Sie erlangten aber nie die sonst dafür erforderlichen Charaktereigenschaften wie Beharrlichkeit und Bedachtheit. Die Möglichkeit des Gehirndopings sei also zugleich eine Verführung zur charakterlichen Selbstvernachlässigung. Empirische Belege für diesen Zusammenhang stehen allerdings aus, so dass der Einwand noch unter Vorbehalt zu betrachten ist.

Gehirndoping als Gefahr für die Authentizität der Person

Eine weitere, ähnliche Gefahr bestünde darin, dass man durch Gehirndoping ein entfremdetes und nicht-authentisches Verhältnis zu sich selbst eingeht. Indem man sich selbst und insbesondere seine Emotionen und sein Denken mit technologischen Mitteln verändert, entfremdet man sich – so die These – von sich selbst und begreift sich selbst als ein veränderbares Material. Es ist allerdings nicht unmittelbar klar, warum nur technologische Methoden der Selbstveränderung zu einer solchen

Form von Entfremdung führen sollten. Denn als formbares Material erachtet man sich auch dann, wenn man sich durch andere, traditionellere Verfahren zu formen versucht.

Möglicherweise ist die Tendenz zu einer nichtauthentischen Selbstveränderung im Fall des Gehirndopings aber besonders verführerisch. Und zwar deshalb, weil unaufwendige, kurzfristige und eventuell reversible Veränderungen möglich werden, die andere Arten der Selbstveränderung nicht bieten (vgl. Elliott 1998; Parens 2005). Diese vergleichsweise kurzfristigen Effekte werden durch die Verwendung von Medikamenten erzielt, und sie verschwinden nach dem Absetzen der Medikamente wieder. Eine ähnliche Wirkweise war bislang bei kaum einer Art der Selbstveränderung möglich, nicht einmal beim körperlichen Training. Meistens ist der Aufwand höher oder der Effekt anhaltender, oft beides. Das bedeutet, Gehirndoping eröffnet die Option des Ausprobierens, und ein Teil dieses Ausprobierens wird eventuell nichtauthentisch sein, wird Geistes- und Gefühlszustände auslösen, in denen sich die Person nicht zuhause, nicht als sie selbst fühlt. Andererseits: Diese Verführung könnte man individuell meiden, wenn man damit rechnet, ihr nicht widerstehen zu können. Und man mag Vorsichtsmaßnahmen ergreifen, falls man sich ihr dennoch hingibt. Der Hinweis auf das Bestehen einer solchen Verführung allein rechtfertigt aber nur individuelle Vorkehrungen, eventuell auch gesellschaftliche Unterstützung bei solchen Vorkehrungen, wie etwa die oben bereits diskutierte Informationsoffenlegung. Repressive Maßnahmen gegen die Nutzung von Gehirndoping lassen sich unseres Erachtens dadurch aber nicht begründen.

Ein weiteres Authentizitätsbedenken lautet, die Veränderungen durch Gehirndoping seien entfremdend, weil sie nicht auf der Einsicht in Gründe beruhten.

Allerdings sind, wie oben erwähnt, auch andere Formen der Selbstveränderung nicht gründebasiert. Techniken zur Stimmungsaufhellung wie absichtliches Lächeln oder Trampolinspringen sind ebenso wenig gründebasiert wie zahlreiche Meditationstechniken. Allerdings ist zuzugestehen, dass Gehirndoping den Bereich der Veränderungen ausdehnt, der jenseits der Einsicht in Gründe verfügbar ist. Diese Ausdehnung allein scheint uns jedoch so lange keinen Anlass zu Bedenken zu geben, wie dadurch gründebasiertes Handeln und Lernen nicht ersetzt, sondern ergänzt werden.

Gehirndoping als Anlass für kognitives Wettrüsten

Neben den individualethischen Gesichtspunkten spielen aber vor allem auch sozialethische Überlegungen eine bedeutende Rolle. Ein solches basiert etwa darauf, dass Gehirndoping zu einer Art kognitivem Wettrüsten führen werde. Personen werden sich dieser Idee zufolge des Gehirndopings bedienen, um sich Vorteile in der Arbeitswelt, in der Ausbildung, aber auch in der Freizeit zu verschaffen. Wieder andere werden zu Gehirndoping greifen bzw. greifen müssen, um nicht hinter den Erstbenutzern und -benutzerinnen zurückzubleiben. Ist diese Spirale einmal begonnen, gibt es nur unter hohen Kosten Auswege oder Refugien von diesem Wettbewerb (vgl. Brock 1988).

Es fragt sich allerdings, inwieweit dies einen relevanten Unterschied zu heute macht. Bereits gegenwärtig ist es so, dass Personen je nach sozialem Hintergrund versuchen, ihre Leistungsfähigkeit – insbesondere ihre kognitive Leistungsfähigkeit – auszuschöpfen. Dabei herrscht schon heute eine ausgesprochene Konkurrenz. Der Wettkampf um die besten Bildungschancen ist heute sehr viel ausgeprägter als jeder körperliche Wettbewerb außerhalb des Sports. Im gesellschaftlichen Wettbewerb versuchen wir kaum mehr, uns körperlich gegenseitig auszustechen, aber beständig, einander kognitiv zu übertreffen. Dass diese Konkurrenz zukünftig mehr mithilfe technologischer Verfahren ausgetragen wird, ändert an der grundsätzlichen Struktur nichts. Aus Gerechtigkeitsgründen macht es keinen Unterschied, ob einige Personen auf die Dienste teurer Tutoren, Privatschulen oder Rechen- und Schreibwerkzeuge zurückgreifen, während andere all dies nicht können, oder ob einige Personen Mittel des Gehirndopings einsetzen, die anderen nicht zur Verfügung stehen. Auch die Intensität gesellschaftlicher Konkurrenz wird durch die Art der verfügbaren und ausgeschöpften Mittel nicht verändert.

Die Befürchtung besteht aber, dass im technologisch veränderten kognitiven Wettrüsten Personen gezwungen sind, massive Eingriffe in den eigenen Körper oder größere Nebenwirkungen in Kauf zu nehmen. Es könnte also etwas entstehen, das wir bereits im Kontext von Schönheitsoperationen diskutiert haben: sozialer Zwang. Gegeben, dass Personen bereits heute einen sozialen Zwang verspüren und verinnerlicht haben, für berufliche Anforderungen private und gesundheitliche Werte zu riskieren, ist es sehr wahrscheinlich, dass sich dieser Trend bei Verfügbarkeit von technologischen Verbesserungsoptionen – seien es Schönheitsoperationen, somatische Verbesserungen oder Gehirndoping – fortsetzt. Auch ist die Risikobereitschaft der Nutzer von Verfahren technologischer Selbstoptimierung bislang nicht absehbar, und starke Konkurrenz kann durchaus dazu verleiten, größere Risiken einzugehen, als die Person bei rationaler und informierter Abwägung akzeptieren würde (vgl. Sattler/ Mehlkop/Graeff u. a. 2014).

Gehirndoping als Ursache von massiver Ungleichheit

Vielleicht wird man auch monieren, das kognitive Wettrüsten könne zu einer Verschärfung von Ungleichheit führen. Dies sei deshalb der Fall, weil die herkömmlichen Techniken der Selbstverbesserung mit geringem Aufwand und wenig Ressourcen realisiert werden könnten. Gehirndoping hingegen dürfte teuer und die Mittel teilweise schwer zu beschaffen sein. Aber diese Annahme geht fehl. Denn die gegenwärtig effektivsten Maßnahmen zur geistigen Selbstverbesserung sind überwiegend sehr teuer. Man kann zwar auf die Bücher der Stadtbibliothek zugreifen und mit fleißiger Lektüre und Selbststudium vieles lernen. Aber die effektivsten Methoden der Selbstverbesserung sind typischerweise Universitätskurse, vorzugsweise an den besten und damit oft teuersten Universitäten, Personal-Trainer, Praktika bei solchen Firmen oder Institutionen, die dafür nicht entlohnen müssen, spezialisierte Fortbildungsangebote etc. Kurzum: Derzeit erfordert kognitive Selbstverbesserung erhebliche Ressourcen, und der Zugang ist oft durch kulturelle, institutionelle und soziale Hürden erschwert. Es ist sogar denkbar, dass bei solidarischer Finanzierung Gehirndoping günstiger sein könnte und bestehende Ungleichheiten im Zugang zu Bildung kompensiert. Es ist allerdings nicht zu erwarten, dass Gehirndoping Lernen von Inhalten ersetzt. Gehirndoping macht Lernen und Bildung also nicht überflüssig, sondern lässt Personen daran teilhaben, die sonst eventuell keinen Zugang dazu hätten.

Dass das kognitive Wettrüsten in massiven Ungleichheiten resultieren würde, ist also in erster Linie eine Auswirkung bestehender Verteilungsstrukturen und nicht eine Eigenheit des Gehirndopings. Darüber hinaus ist erstens denkbar, dass Gehirndoping Ungleichheiten ausgleicht. Wie bereits oben erwähnt sind die meisten Verfahren umso effektiver, je weniger ausgeprägt die jeweilige kognitive Leistungsfähigkeit der Person ist. Es käme also denen stärker zugute, die bislang mit schlechteren Aussichten ins kognitive Wettrüsten gegangen sind. Zweitens kann es sein, dass Gehirndoping ein sogenanntes *Positivesum*-Ereignis ist, d. h. ein Ereignis, bei dem auch diejenigen, die nicht direkt davon profitieren, hinterher hinsichtlich ihres Lebensstandards besser dastehen als zuvor (vgl. Buchanan 2011, 116 ff.). Das könnte allein dadurch schon der Fall sein, dass höhere kognitive Leistungen bestimmter Funktionsträger der Gesellschaft insgesamt zugutekommen. Man denke an Chirurginnen und Chirurgen, deren Hände aufgrund von psychopharmakologischer Unterstützung während der Operation ruhiger sind. Davon profitieren nicht nur die Ärztinnen und Ärzte in der Konkurrenz untereinander, sondern – vielleicht mehr noch – deren Patienten und Patientinnen.

Gehirndoping und Spaltungen in der Gesellschaft

Weiterhin wird hinsichtlich des Effekts von Gehirndoping auf die Gesellschaft befürchtet, es könne zu einer vermehrten Spaltung oder aber – genau im Gegenteil – zu einem Mangel an Differenzierung führen. Im ersten Szenario greift eine Gruppe von Personen zu Gehirndoping und verschafft sich mit dessen Hilfe einen Elitenstatus. Dieser kann darin bestehen, dass diese Personen besseren Zugang zu gesellschaftlichen Positionen haben oder dass gesellschaftliche Leistungen – wie etwa Informationsangebote – auf sie und damit nicht mehr auf unverbesserte Personen zugeschnitten sind (s. den Abschn.

„Die Herausforderungen einer Zwei-Klassen-Gesellschaft" in Abschn. 3.3). Alle diejenigen, die – aus welchen
Gründen auch immer – ihre kognitiven Leistungen nicht
technologisch verbessern, bleiben damit außen vor (vgl.
Wikler 2010). Normalerweise sind solche Elitenbildungen
nur temporär und vom Zugang zu den jeweiligen Mitteln
abhängig. Sollte es aber so etwas wie genetisches Gehirndoping geben – wofür beim gegenwärtigen Stand der
Wissenschaft sehr wenig spricht –, dann könnte auch
eine Form von erblicher Elite entstehen (vgl. Silver
1997). Inwieweit der nicht erbliche Elitenstatus tatsächlich ein neues und neuerdings problematisches Phänomen
ist, sei einmal dahingestellt. Ein durch genetisches
kognitives Enhancement erblich gewordener Zugang zu
einer gesellschaftlichen Elite bedeutete aber erhebliche
moralische Verwerfungen. Weder sind bisher allerdings
gentechnologische Verfahren zum Gehirndoping absehbar,
noch ist ausgeschlossen, dass solche Verfahren allgemein
verfügbar gemacht und damit ihres Bedrohungspotenzials
enthoben werden könnten. Für die hier im Fokus
stehenden nicht erblichen Formen von Enhancement
scheint dasselbe Problem kaum zu bestehen. Diese können
kurzfristig umverteilt oder subventioniert und damit
kleinen Eliten aus der Hand genommen werden.

Gehirndoping nivelliert wichtige soziale Differenzierungen

Die umgekehrte Befürchtung, nämlich, dass gesellschaftliche Differenzierungen durch Gehirndoping eingeebnet
werden, ist ebenfalls geäußert worden. Das könnte
dadurch geschehen, dass eine Zahl von Personen dieselben
kognitiven Verbesserungen sucht und auf diese Weise zu
ähnlichen kognitiven und emotiven Fähigkeiten gelangt

(vgl. Gyngell 2012; Wasserman 2014). So attraktiv eine solche Entwicklung für Freunde gesellschaftlicher Gleichberechtigung zunächst klingen mag, birgt sie eigene gesellschaftliche Probleme: Soziale Arbeitsteilung hängt oft davon ab, dass Gesellschaftsmitglieder unterschiedliche kognitive und emotionale Fähigkeiten haben und einander entsprechend ergänzen. Durch Vereinheitlichung der entsprechenden Fähigkeiten könnte diese Grundlage der Arbeitsteilung gefährdet werden. Allerdings: Bislang ist nicht abzusehen, dass Gehirndoping einen derart gravierenden Einfluss haben wird. Es ist aber durchaus denkbar, dass Gehirndoping bestimmte gesellschaftliche Positionen und Rollen für mehr Personen erreichbar macht und deshalb die Konkurrenz um diese gesellschaftlichen Nischen intensiviert. Zugleich könnte es sein, dass andere gesellschaftliche Positionen an Attraktivität verlieren, weil sie nicht mehr zum veränderten kognitiven Profil vieler Personen passen.

4.4 Fazit und Ausblick

Insgesamt scheinen die Einwände gegen Gehirndoping, sowohl die individual- als auch die sozialethischen, nicht so gravierend zu sein, dass sie prinzipielle Einschränkungen oder gar Verbote rechtfertigten. Gehirndoping dient in erster Linie ethisch nicht zu verurteilenden Zwecken, und Verbote sind deshalb besonders begründungsbedürftig. Solange es gründebasierte Formen des Lernens und Handelns nicht ersetzt, sondern ergänzt oder gar den Zugang dazu erleichtert, scheinen individualethische Bedenken der Selbstmanipulation oder der Nichtauthentizität ebenfalls nicht nach Abstinenz zu verlangen. Allerdings ist wie bei der Verbreitung jeglicher Technologien eine gewisse Vorsicht angebracht, die sich in konkreten Bedingungen für das Inverkehrbringen solcher Technologien niederschlägt.

In erster Linie wird darauf zu achten sein, dass Informationen über die Risiken von Gehirndoping für potenzielle Nutzerinnen und Nutzer nicht nur zugänglich, sondern auch verständlich sind. Das heißt, man muss nicht nur nachlesen, sondern auch verstehen können, welche Wirkung konkrete Mittel zeitigen. Dies ist zwar gegenwärtig durch die sogenannten Beipackzettel von Arzneimitteln gewährleistet. Würde man Gehirndoping von der typischen Verfahrensweise der Medikamentenzulassung entkoppeln, müssten die Informationserfordernisse, die mit Medikamenten verbunden sind, dennoch aufrechterhalten werden.

Es sprechen jedoch einerseits mehrere Gründe dafür, Verfahren des Gehirndopings nicht im Rahmen der Gesundheitsfürsorge anzusiedeln. Eine bislang noch ungeklärte Frage betrifft etwa die Finanzierung von Gehirndoping. Einiges spricht dafür, dass es sich hierbei nicht um ein solidarisch zu finanzierendes Produkt handelt. Warum sollte eine Person dafür mitbezahlen, dass andere ihre kognitiven Fähigkeiten verbessern, wenn sie selbst daran kein Interesse hat? Ganz im Gegensatz dazu hat ein jeder und eine jede ein Interesse, dass andere wieder gesund werden, d. h. daran, für andere die medizinische, therapeutische Versorgung mitzufinanzieren. Warum? Nicht nur, weil es allen ebenso ergehen könnte und das Krankheitsrisiko Bestandteil der menschlichen Lebensform ist, sondern auch, weil jede und jeder davon profitiert, dass andere an der gesellschaftlichen Kooperation teilnehmen können. Fallen diese durch Krankheit aus, bleibt schließlich für alle weniger übrig. Nicht so bei Gehirndoping. Im schlimmsten Fall könnte es hier sogar so sein, dass eine Person am Ende des Tages schlechter dasteht, weil andere durch das Gehirndoping bessere Chancen im gesellschaftlichen Wettbewerb haben.

Andererseits ist, wie bereits oben erwähnt, denkbar, dass Gehirndoping einen Vorteil für alle, für Verwendende und Nicht-Verwendende, generiert. Sollte das so sein, hätten alle einen Grund, das Gehirndoping anderer mitzufinanzieren, auch dann, wenn sie selbst davon Abstand halten möchten. Durch eine solidarische Finanzierung würde zudem der Zugang für diejenigen gesichert, die ihn aufgrund bestehender, aber nicht pathologischer kognitiver Probleme nicht selbst sichern können. Damit würde ein kognitives Auseinanderklaffen der Gesellschaft wahrscheinlich nicht vermieden, aber zumindest gelindert. Nicht zuletzt ist die Einbindung in das solidarisch finanzierte Gesundheitssystem eine gute Art und Weise, die Sicherheits- und Informationserfordernisse für solche Produkte zu gewährleisten.

Wahrscheinlich – und die Frage ist für uns tatsächlich noch offen – wäre die sinnvollste Art, Mittel des Gehirndopings zu regulieren, ein Mischsystem. Einerseits möchte man, dass Personen, die ihre kognitive und emotive Situation künstlich verbessern, an den Kosten dafür stärker beteiligt werden als an den Kosten für Gesundheitsleistungen. Immerhin erfüllen sie sich damit individuelle Wünsche. Andererseits möchte man nicht darauf verzichten, dass diese Form von Wunscherfüllung im üblichen Rahmen gesellschaftlicher Sicherheitsvorsorge geschieht. Das spräche dafür, Prüf- und Zulassungsverfahren für Gehirndopingpräparate ebenso einzusetzen wie für Therapeutika. Die Kosten hierfür lassen sich kaum auf individuelle Nutzerinnen und Nutzer umlegen und würden somit solidarisch getragen. Das ist deshalb auch gerechtfertigt, weil das Interesse an Risikominimierung beziehungsweise Risikovorsorge zwar eines ist, das individuelle Nutzende haben sollten, worauf sie aber zuweilen auch zu verzichten bereit wären.

5

Langes Leben. Das Beispiel der Bekämpfung des Alterns

5.1 Einleitung

Nicht zu altern, dürfte einer der ältesten Menschheitsträume sein. Er ist bereits Thema des ersten bekannten Epos, des Gilgamesch-Epos. Moderne Forschung auf dem Feld der Verlängerung der menschlichen Lebensspanne bemüht sich, genau diesen Traum in Erfüllung gehen zu lassen. Was über Jahrhunderte das Feld der Quacksalber und Wunderheiler war, ist mittlerweile relativ fest in der Hand von an Evidenzen orientierten Forschenden, die mehr und mehr echte Erfolge vorzuzeigen haben. Bislang gibt es zwar, trotz aller Bemühungen, keine durchschlagenden Mittel gegen das Altern, aber immer tiefere Erkenntnisse über die biologischen Grundlagen des Alterungsprozesses. Darüber hinaus wirft die entsprechende Forschung nicht nur Verhaltensvorschläge für ein längeres Leben ab, sondern teilweise auch

© Der/die Autor(en), exklusiv lizenziert an Springer-Verlag GmbH, DE, ein Teil von Springer Nature 2022
J.-H. Heinrichs und M. Rüther, *Technologische Selbstoptimierung – wie weit dürfen wir gehen?*, #philosophieorientiert, https://doi.org/10.1007/978-3-662-65354-8_5

biomedizinische Interventionen, die eine moderate Verlängerung der Lebensspanne verheißen.

Lebenszeit selbst ist zwar nach wie vor kein verfügbares oder verteilbares Gut. Auch wer alles tut, um lange zu leben, alle biomedizinischen Mittel ausschöpft und gesundheitsbewusst lebt, kann früh Krankheit, Unfall oder anderen Todesursachen zum Opfer fallen. Medizinische Techniken und Medikamente, die die Wahrscheinlichkeit eines langen Lebens erhöhen, sind hingegen verfügbare Güter. Mit ihnen rückt Lebenszeit wenigstens der Möglichkeit nach in die Verfügungsmasse sozialer Verteilung.

Die gegenwärtig wichtigsten Ansätze in der Forschung zur Verlängerung der Lebensspanne beziehen sich zunächst auf 1. Blutfaktoren, 2. auf metabolische Effekte, 3. auf die Reduktion gealterter Zellen und 4. auf die teilweise Umprogrammierung von Zellen.

1. Man hat bereits mehrfach Blutfaktoren aus jüngeren Modellorganismen auf ältere übertragen und damit eine Verjüngung von diversen Geweben, darunter Muskulatur, Herz und Leber, erreicht. Grundsätzlich ist es plausibel, dass dieser Mechanismus auch bei Menschen funktioniert (vgl. Kang/Moser/Svendsen u. a. 2020).

2. Zahlreiche akademische und erste industrielle Forschungsprojekte versuchen, metabolische Effekte für die Verlängerung der Lebensspanne nutzbar zu machen. Bekannt ist, dass bei Tiermodellen starke Kalorienrestriktionen bei gleichzeitiger normaler Nährstoffversorgung teilweise eine erhebliche Verlängerung der Lebensspanne bewirkt haben. Medikamente und Nahrungsergänzungsmittel, die den Effekt von Kalorienrestriktionen nachbilden, werden derzeit entwickelt oder sind bereits auf dem Markt. Die

tatsächliche Wirksamkeit für eine Verlängerung der Lebensspanne dürfte sich aber erst auf lange Sicht herausstellen (vgl. de Grey 2005).

3. Menschliche Zellen können sich nur endlich häufig teilen. Nach einer gewissen Zahl von Zellteilungen sterben sie normalerweise ab und werden durch neue Zellen ersetzt. Allerdings funktioniert dieser Prozess nicht immer und es bleiben sogenannte seneszente Zellen zurück. Diese verursachen häufig Entzündungen und Veränderungen umliegender Zellen. Eine Strategie zur Verlängerung der Lebensspanne richtet sich darauf, solche seneszenten Zellen zu beseitigen. Für diesen Zweck gibt es bereits Substanzen, sogenannte Senolytika, die im Tiermodell bereits erhebliche Verlängerungen der Lebensspanne bewirkt haben (vgl. Ellison-Hughes 2020).

4. Menschliche Körperzellen entwickeln sich aus Stammzellen. Lange Zeit dachte man, dass man den Entwicklungsprozess von der Stamm- zur Körperzelle nicht rückgängig machen könnte. Diese Annahme wurde durch Forschung widerlegt, die 2012 mit dem Nobelpreis gekürt wurde (vgl. Nakagawa/Koyanagi/Tanabe u. a. 2008). Die sogenannten Yamanaka-Faktoren sind vier Faktoren, durch deren Manipulation ausdifferenzierte Zellen wieder in Stammzellen verwandelt werden können. Diese Reprogrammierung ist auch geeignet, alte Zellen zu verjüngen. Während in ersten Experimenten dazu teilweise erhebliche Tumorbildung zu beobachten war, scheinen jüngere Verfahren dies vermeiden zu können (vgl. Lu/Brommer/Tian u. a. 2020).

Rechtlich betrachtet gibt es bislang keine einheitliche Lösung beziehungsweise Herangehensweise an Verfahren der Verlängerung der Lebensspanne. Klinische Studien müssen normalerweise darauf abzielen, konkrete

Erkrankungen, Leiden oder Behinderungen zu lindern. Studien, die darauf abzielen, das Leben von Gesunden zu verlängern, sind in aktuellen rechtlichen Rahmen auch international überwiegend nicht vorgesehen. Eine Ausnahme davon bietet anscheinend Australien, und seit neuestem gibt es in den USA erste zugelassene Studien mit dem Ziel der Verlängerung der Lebensspanne (vgl. Justice/ Niedernhofer/Robbins u. a. 2018).

Ansonsten fallen die jeweiligen Mittel unter die einschlägigen rechtlichen Regelungen für Arzneimittel, für Nahrungsergänzungsmittel oder für Medizinprodukte. Im Fall von Arzneimitteln ist die Verwendung zur Verlängerung der Lebensspanne bislang nicht vorgesehen, d. h. es handelt sich um einen sogenannten *off label use,* d. h. um eine Verwendung jenseits des durch die Arzneimittelbehörden zugelassenen Gebrauchs.

5.2   Die ethischen Gründe für eine Verlängerung der Lebensspanne

Menschen wünschen überwiegend, länger zu leben

Ob – oder besser: warum – wir länger leben wollen sollten, ist eine gängige Frage in der Debatte um die Verlängerung der Lebensspanne (vgl. Knell 2009). Unseres Erachtens sollte die Frage beginnend mit den tatsächlichen Wünschen von Personen untersucht werden, um diese zuerst ernst zu nehmen und erst dann weiterer Überprüfung zu unterziehen.

Zunächst ist einmal festzuhalten, dass Menschen in vielen Fällen tatsächlich länger leben wollen (vgl. Bostrom 2008). Und grundsätzlich dürften solche Wünsche, wenn sie nicht durch Desinformation verzerrt sind, ein eigenes moralisches Gewicht haben. Andererseits: Wenn es um die Frage geht, wie viel länger das Leben ausfallen soll, ist der Trend gegenläufig. So antworten viele Menschen negativ auf die Frage, ob sie ein besonders hohes Alter, wie etwa 150 Jahre, erreichen wollten. Und in jüngeren Umfragen findet die Forschung an einer Verlängerung der Lebensspanne kein besonders gutes Echo (vgl. Prudhomme 2020). Woran genau das liegt, ist bislang unklar. Einige Forscher gehen davon aus, dass die meisten Personen bei der Frage nicht an ein unbeschwertes, sondern an ein von Altersschwäche geprägtes Leben denken. Hier ist aber die Verlängerung der Lebensspanne im Sinne einer verlängerten Gesundheitsspanne das Thema, also ein längeres Leben ohne gravierende Einschränkungen durch Alter und Gebrechlichkeit.

Insgesamt sind Befragungen zum Thema längeres Leben mit Vorsicht zu genießen. Das ist deshalb der Fall, weil die Befragten sehr oft viel mehr Auskunft geben, als man ohne Weiteres auswerten kann. Fragt man jemanden, ob sie oder er länger zu leben wünscht, so erhält man zuweilen eine Antwort auf die Frage, ob sie oder er die Entwicklung und Verwendung von lebensverlängernden Maßnahmen für alle befürworten würde. Fragt man jemanden, ob er oder sie selbst solche Maßnahmen verwenden würde, so erhält man oft eine moralische Analyse der Verwendung durch alle. Individuelle Präferenzen und moralische Einschätzungen gehen gerade in diesem Thema oft Hand in Hand. Wir gehen deshalb vorsichtig davon aus, dass bei vielen Personen der individuelle Wunsch nach einem längeren Leben vorherrscht, auch wenn er möglicherweise durch eine negative moralische Evaluation der dazu notwendigen Mittel oder der Begleitumstände überdeckt werden kann.

Individuelle Lebenszeit ist eine notwendige Bedingung für alle Güter

Ein längeres Leben bzw. mehr Lebenszeit ist nicht in demselben Sinne ein Gut, wie es etwa Freude, Schmerzfreiheit, Gesundheit oder ähnliche Inhalte des Lebens sind. Mehr Lebenszeit kann durchaus auch mit negativen Erlebnissen, mit Leid und Langeweile gefüllt sein. Deshalb ist es sinnvoll, Lebenszeit als notwendige Bedingung des Guten zu bezeichnen. Es ist die Bedingung dafür, dass ein Leben überhaupt Gutes – oder eben auch Schlechtes – enthält (vgl. Williams 1993, Knell 2009; dagegen: Nagel 1970).

Weil Lebenszeit kein Gut im engeren Sinne ist, scheint es auch viel komplizierter zu sein, ihren Wert einzuschätzen. Wir sind es gewohnt, den Zuständen und den Dingen, die unsere Lebenszeit füllen, Wert oder eben Unwert zuzuschreiben. Freundschaften sind wertvoll, Liebeskummer normalerweise nicht. Eine trockene und warme Unterkunft ist wertvoll, Unrat normalerweise nicht. Lebenszeit unterscheidet sich in zweierlei Hinsicht von solchen Gütern. Weder ist sicher, dass wir sie auch wirklich haben werden, noch, dass wir sie schätzen werden. Auch ein Leben, das aufgrund altersaufschiebender medizinischer Maßnahmen extrem lange währen könnte, unterliegt der Gefahr, plötzlich durch Unfall oder Krankheit zu enden. Und selbst dieses in seiner Länge unsichere Leben kann aufgrund zufälliger Faktoren ebenso von freudvollen wie von leidvollen Erfahrungen geprägt sein. Diese doppelte Unsicherheit sorgt dafür, dass Maßnahmen zur Verlängerung der Lebensspanne in dopperlter Weise von tatsächlichen Gütern entrückt sind (vgl. Knell 2009). Dieser Umstand allein macht die jeweiligen Maßnahmen aber bei weitem nicht irrelevant für moralische Fragen oder solche der Verteilungsgerechtigkeit. Es ist lediglich komplizierter zu ermitteln, wie sie in etwaigen Gerechtigkeitserwägungen zu berücksichtigen wären.

Zudem ist Lebenszeit zugleich auch die Bedingung dafür, eigene Ziele zu setzen und zu verfolgen. Man kann also – aus eher deontologischer Perspektive – darüber nachdenken, ob 1. derjenige, der seine Ziele wertschätzt, und womöglich sogar 2. derjenige, der seine Fähigkeit, Ziele zu setzen, wertschätzt, nicht auch jeweils einen guten Grund hat, nach mehr Lebenszeit zu streben. Ersteres legte es nahe, so lange zu versuchen, die eigene Lebensspanne auszudehnen, wie man noch Pläne und Ziele hat. Letzteres hingegen lieferte Anlass, sich zu überlegen, ob es nicht noch Pläne und Ziele gibt, die man für wertvoll erachtet und deren Verfolgung wiederum eine längere Lebensspanne erforderlich machte. Obwohl es umstritten ist, lässt sich durchaus denken, dass damit das Bemühen um eine längere Lebenszeit nicht nur ein verständlicher Wunsch, sondern sogar moralisch vorzugswürdig ist.

Verlängerung der Lebensspanne: Moralische Pflicht zur Lebensrettung oder gesellschaftliche Vorsorgepflicht?

Dreht man die Perspektive einmal um und fragt sich nicht, ob wir *selbst* länger leben wollen, also Verfahren zur Lebensverlängerung *verwenden* sollten, sondern vielmehr, ob wir Verfahren zur Verlängerung der Lebensspanne *entwickeln* sollten, so könnte nach Meinung einiger Autorinnen und Autoren durchaus etwas dafürsprechen. Der Gedanke ist: Jemand, der einem anderen das Leben z. B. durch medizinische Maßnahmen rettet, verhindert auch, dass dieser früher stirbt und damit kürzer lebt. Analog lässt sich dies aber auch von demjenigen sagen, der anderen Personen Optionen zur Verlängerung ihres Lebens jenseits von Situationen akuter Krankheit oder Verletzung zur Verfügung stellt. Typischerweise erachten wir Lebensrettung im deontologischen Sinne als Pflicht, sicherlich aber als moralisch vorzugswürdig. Einige Autorinnen und Autoren würden so weit gehen, diese Bewertung auch auf die Verlängerung der Lebensspanne und die Entwicklung von dafür geeigneten Maßnahmen auszudehnen (vgl. de Grey 2005). Die Entwicklung von Verfahren zur Lebenszeitverlängerung wäre demnach vergleichbar mit einem Akt der Lebensrettung, die in manchen Situationen eine moralische Pflicht ist.

Zwar spricht einiges dafür, davon auszugehen, dass eine Welt, in der Menschen länger leben, erstrebenswert sein kann – wenn wir entsprechende soziale Begleitumstände garantieren. Entsprechend wäre auch die Entwicklung von Maßnahmen zur Verlängerung der Lebensspanne moralisch erstrebenswert. Daraus lässt sich aber nicht ohne Weiteres eine moralische *Pflicht* zur Entwicklung derartiger Verfahren *in derselben* Weise ableiten, wie wir eine Pflicht zur Lebensrettung annehmen. Die Pflicht zur Lebensrettung besteht zwischen konkreten Einzelpersonen mit konkrete Handlungsoptionen, es gibt aber keine Einzelpersonen mit der Handlungsoption, ein Mittel zur Verlängerung der Lebensspanne zu entdecken. Es gibt nur die institutionell ermöglichte Option zu entsprechender Forschung für einen nicht klar bestimmten Personenkreis. Eine moralische Aufforderung zur Erforschung von Lebensspannen träfe, wenn sie bestünde, nicht konkrete Personen, sondern die moralische Gemeinschaft insgesamt. Sie ginge auch nicht von konkreten Personen und deren Ansprüchen auf Lebensrettung aus. Wenn also die Entwicklung von Maßnahmen zur Verlängerung der Lebensspanne moralisch vorzugswürdig ist, dann wegen ihrer Folgen – weil eine Zukunft besser ist, in der

Menschen längere Lebensspannen haben können – und nicht aufgrund einer Pflicht zur Lebensrettung.

Das Argument für die Verlängerung der Lebensspanne kann also nicht auf konkrete Pflichten bauen, sondern hängt davon ab, dass dadurch die Welt für deren zukünftige Bewohner und Bewohnerinnen besser wird. Ob die Welt für Einzelne besser wird, hängt wie gesehen davon ab, wie sie ihre Lebenszeit zu füllen vermögen. Es bleibt noch zu zeigen, dass eine Verlängerung der Lebensspanne auch gesamtgesellschaftliche Änderungen zum Besseren ermöglichen kann.

Die Vorzüge einer reiferen Bevölkerung

Schaut man darauf, welche Auswirkungen mögliche Verlängerungen der Lebensspanne auf unsere Gesellschaft hätten, sehen einige Autorinnen und Autoren durchaus Grund für Optimismus. Dieser Optimismus speist sich aus zwei Quellen, nämlich einmal aus der Vermeidung der Nachteile des noch jüngeren, unreiferen Alters und zweitens aus den Vorteilen eines etwas reiferen Alters.

Bei allen Vorzügen der Jugend sind doch einige gravierende Nachteile mit ihr verbunden oder treten doch mindestens häufiger bei jüngeren Menschen auf. Das ist kein Fall von Altersdiskriminierung, sondern schlicht die Beobachtung, dass zahlreiche psychische Phänomene überdurchschnittlich häufig bei jüngeren Menschen beobachtet werden können. Dazu zählen zunächst einige psychische Erkrankungen, darunter sowohl die berüchtigte Aufmerksamkeitsdefizitsyndrom (ADS) als auch, interessanterweise, Suchterkrankungen. Beide finden sich bei Personen höheren Alters seltener, und zwar nicht, weil man bereits jung an ihnen stirbt, sondern, weil sie mit den Jahren häufig nachlassen (vgl. Eyre/Thapar 2014).

Zudem ist es so, dass der größte Anteil von kriminellem Verhalten und Aggression im Jugendalter beziehungsweise in der Adoleszenz zu verorten ist. Schaut man beispielsweise in Kriminalstatistiken, dann scheinen Adoleszente und junge Erwachsene am häufigsten straffällig zu werden, was dann mit zunehmendem Alter stark abnimmt (vgl. bspw. T-20 Bund, PKS Bundeskriminalamt 2020, V1.0). Ein höheres Durchschnittsalter könnte also die Häufigkeit von Aggression und Kriminalität insgesamt reduzieren. Natürlich ist gerade letzteres Argument – über die Belastbarkeit von Kriminalstatistiken hinaus – auch spekulativ. Der Umstand, dass in unserer Gesellschaft Aggression überdurchschnittlich häufig bei jüngeren Menschen vorliegt, muss nicht bedeuten, dass in einer gealterten Gesellschaft dieselbe Verteilung auftritt. Vielleicht ist es einfach so, dass in unserer Gesellschaft junge Menschen deutlich mehr Grund zur Aggression haben und dieser Grund zur Aggression in einer gealterten Gesellschaft bei älteren Personen bestehen bliebe. Denkbar ist auch, dass sich mit der Ausdehnung der Lebensspanne auch die kulturell und historisch stark varianten Lebensphasen Jugend und Adoleszenz sowie die damit assoziierten Probleme stark ausdehnen.

Auf die Vorteile des reiferen Alters zielt ebenfalls der Gedanke, dass eine Bevölkerung mit höherem Altersschnitt von den Vorteilen profitieren könnte, die Menschen sich im Laufe ihrer Jahre durch Bildungsprozesse aneignen. Man könne etwa mit einem höheren Maß an Informiertheit rechnen, wenn ein größerer Anteil der Bevölkerung bereits ein fortgeschrittenes Alter hat. Möglicherweise könne eine reifere Bevölkerung auch ausgeglichener mit den Fragen der Gestaltung ihrer sozialen und politischen Gegenwart umgehen. Dass eine Gesellschaft davon profitiert, wenn ein größerer Anteil mehr Bildung erfahren hat, dürfte unbestritten sein. Allerdings ist das keine natürliche Nebenfolge einer Verlängerung der Lebensspanne. Vielmehr ist das eine zusätzliche Bedingung, die man auch zusätzlich garantieren müsste, wenn man Methoden zur Verlängerung der Lebensspanne verfügbar macht. Unter diesen kombinierten Umständen, erhöhte Lebensspanne und erhöhte Verfügbarkeit von Bildung während dieser Lebensspanne, könnten sich aber tatsächlich positive Effekte manifestieren.

Mehr Rücksicht auf die zukünftige Gesellschaft

Außerdem ergibt sich die Hoffnung, dass Personen, die die Zukunft miterleben werden, diese Zukunft umsichtiger gestalten als Personen, die nicht mehr damit rechnen müssen, die Folgen ihrer Taten noch zu erleben. Es könnte also aus sozialethischer Perspektive mindestens vorteilhaft sein, ein längeres Leben zu ermöglichen (vgl. Davis 2018, 99).

Zwar ist es bereits jetzt schon so, dass wir stets mit Personen zusammenleben, die auch von unseren langfristig wirksamen Entscheidungen betroffen sind: unsere Kinder oder die Kinder von Freunden und Bekannten. Aber dieser direkte Kontakt reicht offenkundig nicht als Motivation aus, unsere Gesellschaft und unsere Umwelt auch langfristig schonend zu behandeln. Ob aber die Erwartung einer längeren Lebensspanne geeignet und hinreichend ist, um eine langfristige Perspektive einzunehmen und Vorkehrungen zu treffen, ist nicht sicher. Leider müssen wir konstatieren, dass viele Menschen bereits jetzt nicht gut darin sind, für eigene spätere Lebensabschnitte vorzusorgen. Ob ausreichend viele Personen lernen, weiter in der Zukunft liegende eigene und fremde Belange zu berücksichtigen, muss also zunächst einmal als Hoffnung dahingestellt bleiben (vgl. Boto-García/Bucciol 2020; Hersch/Viscusi 2006).

5.3 Die ethischen Gründe gegen eine Verlängerung der Lebensspanne

Maßnahmen zur Verlängerung der Lebensspanne müssen vermutlich nicht von Philosophinnen und Philosophen für moralisch erstrebenswert erklärt werden, damit ihre Entwicklung vorangetrieben wird. Es dürfte sich um eine der Technologien handeln, die so oder so entwickelt werden, wenn es nur möglich ist. Aus diesem Grund war der bisherige, unterstützende Teil in weiten Passagen auch eher darlegend. Wir haben versucht zu klären, warum und unter welchen Umständen die Verlängerung von Lebensspannen moralisch vorzugswürdig sein kann. Nun wird es aber Zeit, sich den zahlreichen Kritiken zu stellen.

Oben sah es so aus, als sei eine Verlängerung der Lebensspanne nicht nur ein verständlicher und häufiger Wunsch, sondern eventuell sogar moralisch vorzugswürdig. Es gibt allerdings durchaus Überlegungen, die aus individualethischer Perspektive dagegensprechen, das eigene Leben zu verlängern. Der tragende Gedanke hinter diesen Argumenten dürfte sein, dass der Wert jeden Gutes und auch – obwohl sie eigentlich kein Gut darstellt – derjenige der Lebenszeit von deren Knappheit abhängt.

Das Dilemma aus Langeweile und Persönlichkeitsverlust

Am berühmtesten dürfte Bernard Williams' Argument sein, das besagt, ein unendlich langes Leben werde stets langweilig (vgl. Williams 1993). Dieses Argument lässt sich folgendermaßen rekonstruieren: Ein Leben wird dadurch reichhaltig, dass man entsprechend dem eigenen Charakter seinen Interessen nachgeht und neue Erlebnisse sucht. Wenn ein Leben extrem lange dauert, wird man irgendwann alle seine Interessen ausgeschöpft haben und nichts mehr als neu erleben können. Der einzige Ausweg aus der dadurch entstehenden Langeweile bestünde darin, die eigenen durch neue Interessen zu ersetzen und Erlebnisse zu suchen, an denen man bislang kein Interesse hatte. Das Argument mündet in ein Dilemma: Entweder man verändert sich so sehr, dass man eigentlich davon sprechen muss, mehr als ein Leben zu führen, oder das eine Leben wird langweilig.

Die Idee eines ewigen Lebens sowie einer radikalen Veränderung der eigenen Persönlichkeit diskutiert Williams vor dem Hintergrund religiöser Ideen, der eines ewigen Jenseits und der einer Wiedergeburt. Man kann sie aber um des Argumentes willen auch innerhalb eines biologischen Lebens erwägen. Dann werden die Grenzen des Arguments allerdings schnell deutlich. Einerseits beruht das Argument darauf, dass ein *unendlich* langes Leben langweilig wird, es besagt nichts darüber, ob ein sehr langes Leben ebenso langweilig werden muss. Ab wann tritt das Problem auf? Ab 150 Jahren, ab 1000, ab 5000? Hat sich in 1000 Jahren die Welt nicht so verändert, dass sie ganz neue Erlebnisse bereithält? Andererseits hängt der Gedanke, dass eine Person, die ihre Interessen und die Erlebnisse, die sie sucht, massiv verändert, zu einer anderen wird, an einer unplausiblen und intuitiv wenig zugänglichen Vorstellung personaler Identität. Wir kennen sehr wohl Fälle, in denen Personen ihre Interessen und Präferenzen über die Zeit hinweg drastisch verändern oder aber so stark erweitern, dass wir uns wundern und vielleicht sogar bewundern, wie breit gefächert die jeweilige Persönlichkeit ist (zu einer differenzierten Kritik von Williams' These vgl. Kreuels 2015).

Lebenszeit und ihre Knappheit

Auf den Wert von Knappheit sind auch zwei weitere Argumente ausgerichtet: In einem extrem langen Leben sei jeder einzelne Tag weniger wert als in einem kürzeren Leben. Es stehe außerdem zu befürchten, dass wir mit einem sehr langen Leben die Fähigkeit verlieren, mit dem Tod umzugehen.

Beide Argumente halten wir für nicht besonders überzeugend. Das erste hat zwar in Douglas Adams' *Hitchhiker's Guide to the Galaxy* literarische Bedeutung erlangt. Aber es scheint nur schlecht durch Beobachtung gestützt zu sein. Wir kennen durchaus ältere Personen, die jeden Tag ihres langen Lebens voll nutzen, und junge Personen, die bereits in ihrem kurzen Leben mit ihren Tagen nichts anzufangen wissen.

Auch für das zweite Argument lässt sich nicht durch empirische Beobachtungen erhärten. Es ist spekulativ. Nichtsdestotrotz: Nehmen wir einmal an, dass es uns schwerer fällt, mit dem Tod umzugehen, wenn jener seltener geworden ist und nur noch durch Krankheit und Unfall über uns kommt. Ist das ein Verlust? Das scheint so allein schon deshalb nicht der Fall zu sein, weil die Fähigkeit, mit dem Tod umzugehen, wie wir sie bisher kennen, in dieser neuen Lebenslage nutzlos geworden sein wird. Was nützt es, sich auf Schwäche und Tod im Alter vorzubereiten, wenn Altern und Schwäche nicht mehr Teil des Lebens sind? Wir müssten vielmehr unsere bisherige Form, mit dem Tod umzugehen, durch eine neue ersetzen, die diesen als zufälliges Widerfahrnis unabhängig vom Alter versteht. Dafür nützen uns kulturell tradierte Vorstellungen von absehbaren Lebensphasen und einem Vergehen im Alter nicht.

Viel gravierender aber ist, dass beide Argumente eigentlich auch rückwärts gelesen werden müssten. Wenn die Knappheit der Zeit jeden unserer Tage wertvoller machen und uns lehren würde, mit dem Tod umzugehen, spräche das nicht eigentlich dafür, unsere Lebenszeit zu verkürzen? Diesen Umkehrschluss wird wohl kaum jemand akzeptieren, weshalb das ursprüngliche Argument vielleicht auch mit Vorsicht behandelt werden sollte (vgl. President's Council on Bioethics [U.S.] 2003, 197 f.).

Bereits oben haben wir den Grund dafür ausgemacht, weshalb das Argument fehlschlagen muss, der Wert von Lebenszeit hänge von ihrer Knappheit ab. Der Wert von Gütern hängt von deren Knappheit ab. Aber Lebenszeit ist eben nicht einfach ein Gut, sondern eher Bedingung aller Güter. Der Wert von Lebenszeit dürfte also eher davon abhängen, womit wir sie füllen. Auf diese Weise ist das Argument etwas stärker: Wenn uns die Dinge ausgehen, mit denen wir unsere Zeit füllen, verliert Lebenszeit ihren Wert.

Eines aber muss man wohl zugestehen: Eine sehr lange Lebensspanne wird höchstwahrscheinlich unsere gegenwärtige Perspektive auf die Selbsttötung verändern. Das gesellschaftliche Tabu, das damit verknüpft ist, wird aus zwei einfachen Gründen überdacht werden müssen. Erstens wird man sich damit auseinandersetzen müssen, dass Personen sich dafür entscheiden, Mittel zur Verlängerung der Lebensspanne nicht oder nicht mehr zu nehmen, obwohl sie es könnten. Man wird sich fragen müssen, ob das bereits eine Form der langsamen Selbsttötung ist. Zweitens wird es Personen geben, die tatsächlich irgendwann den Wunsch verlieren weiterzuleben, sei es aus Langeweile oder einem Gefühl des Sinnverlusts. In dieser Situation ist es keine Option mehr auszuharren, bis der Alterstod einen daraus befreit. Man kann wohl auch nicht damit rechnen, dass alle diese Personen ihre lebensspannenverlängernde Medikation absetzen und dem Altersprozess ihren Lauf lassen. Warum sollten sie diesen möglicherweise schwereren und sicher unvorhersehbaren Weg gehen, wenn andere zur Verfügung stehen?

Die bisherigen Kritiken verstärken lediglich, was bereits zuvor durchschien: Die Verlängerung unserer Lebensspanne stellt erhebliche Anforderungen daran, wie wir diese Lebensspanne individuell gestalten und wie wir Optionen zu dieser Gestaltung gesellschaftlich unterstützen oder gewähren. Die individualethischen Vorbehalte dürften es auch nicht sein, die bei der Entwicklung entsprechender Technologien Einhalt und Nachdenklichkeit gebieten. Weit mehr Zugkraft können die sozialethischen Argumente entwickeln.

Gleicher Zugang zur Lebenszeit

Zunächst dürfte festzuhalten sein, dass erfolgreiche Verfahren zur Verlängerung der Lebensspanne als ein so elementares Gut anzusehen sind, dass ein ungleicher Zugang dazu als schwerwiegende Ungerechtigkeit erlebt werden würde. Jede Einführung von erfolgreichen Maßnahmen zur Verlängerung der Lebensspanne wird unter besonderer Beobachtung stehen und Gerechtigkeitserwägungen in Rechnung stellen müssen. Es ist bereits jetzt so, dass die verfügbaren – bislang nicht am Menschen überprüften, aber doch von vielen als verheißungsvoll angesehenen – Mittel so teuer sind, dass eine Vielzahl von Personen sie sich nicht regelmäßig leisten könnte.

Ungleicher Zugang zu Lebenszeit bringt weitere Ungleichheit

Gerechtigkeitserwägungen dürften aber nicht nur den gleichen Zugang zu den Mitteln der Verlängerung der Lebensspanne betreffen. Sie betreffen auch den Zugang zu sozialen Gütern, der vorher zum Teil schlicht durch das Altern der bisherigen Inhaber und Inhaberinnen geregelt wurde. Gemeint ist damit, dass gesellschaftliche Positionen, Eigentum und Ansehen dann schwerer zu erlangen sind, wenn sie bereits besetzt, besessen oder genossen werden. Wenn nicht absehbar ist, dass Vorgesetzte in Rente gehen, Eigentümer ihr Eigentum vererben und Nachfolgerinnen für öffentliche Posten und Ehrentitel gesucht werden, dürften die wahrgenommenen und realen Chancen der Jüngeren ernsthaft gefährdet sein (vgl. President's Council on Bioethics [U.S.] 2003, 195 ff.). Das bedeutet, Methoden zur Verlängerung der Lebensspanne müssten von erheblichen gesellschaftlichen Modifikationen begleitet werden, um so etwas wie soziale Stagnation beziehungsweise Chancenlosigkeit der Jüngeren zu vermeiden.

Gleichzeitig ist es durchaus denkbar, vielleicht sogar wahrscheinlich, dass nicht nur Positionen und Eigentum länger an einem Ort verharren, sondern auch gesellschaftlicher Wandel und technische Entwicklung länger auf sich warten lassen. In vielen Fällen sind es die Jüngeren, die soziale Veränderungen und technische Innovationen antreiben. Auch wenn nicht jeglicher soziale Wandel begrüßenswert ist und nicht alle technischen Innovationen zum Besten der Gesellschaft beitragen, dürfte ein verlangsamtes Tempo beider Entwicklungen doch eigene Herausforderungen mit sich bringen. Insbesondere dort, wo althergebrachte Privilegien und obsolete Verhaltensstrukturen noch vorherrschen, ist eine Verlangsamung des Wandels durchaus moralisch problematisch.

Dieses Argument ist aber ebenfalls mit Vorsicht zu genießen, erstens, weil es stark spekulativen Charakter hat. Dass bislang zahlreiche Innovationen von Jüngeren ausgehen, bedeutet nicht, nur Jüngere hätten innovative Ideen. Es bedeutet lediglich, dass die Ideen, die sich durchgesetzt haben, von Jüngeren stammen. Es ist durchaus denkbar, dass ebenso gute, vielleicht sogar bessere Ideen von Älteren dabei schlicht ignoriert worden sind. Zweitens überträgt das Argument die Wertung unserer gegenwärtigen Gesellschaft ohne Weiteres auf eine spätere, andere Gesellschaft. Nur weil wir heute, mit unserer Bevölkerungszusammensetzung einen relativ schnellen Wandel schätzen, bedeutet das nicht, dass eine spätere Gesellschaft mit einer anderen Zusammensetzung das auch tun würde.

Ressourcenknappheit

Das zentrale Problem der Verlängerung der Lebensspanne ist die zu erwartende erhebliche Ressourcenbelastung. Diese Ressourcenbelastung käme schlicht dadurch zustande, dass die Bevölkerung wüchse. Wir möchten ungern von ‚Überbevölkerung' sprechen, denn das klingt zu sehr nach überzähligen Menschen (vgl. Overall 2003, 77 ff.). Das Problem sind eher die mangelnden Ressourcen für die Vielzahl von Menschen. Bislang sind keine technischen Maßnahmen oder Modifikationen der Lebensführung absehbar, die den Ressourcenbedarf hinreichend anpassten, um mit noch sehr viel mehr Menschen gut auf diesem Planeten zu leben. Die einzigen bislang absehbaren Maßnahmen, der Ressourcenknappheit entgegenzuwirken, wären gesellschaftlich und kulturell problematisch, weil sie an der Bevölkerungszahl ansetzen, statt Ressourcen zu vermehren oder individuellen Ressourcenbedarf zu mindern.

Forschende, die an der Verlängerung der Lebensspanne arbeiten, werden so regelmäßig nach dem Einfluss ihrer Arbeit auf das Bevölkerungswachstum gefragt, dass sie mittlerweile oft abwiegeln oder das Problem zurückweisen (vgl. Sinclair/LaPlante 2019). Eine der üblichsten Antworten darauf lautet, mit zunehmender Verbreitung von Bildung und biomedizinischer Versorgung nehme die Geburtenrate ab, und die abnehmende Geburtenrate kompensiere den Effekt einer Verlängerung der Lebensspanne. Dieser Effekt ist tatsächlich zu beobachten und einer der erfreulichsten Trends unserer Zeit. Die Ausbreitung von besseren Lebensumständen und der Rückgang von extremer Armut gereicht damit allen zum Vorteil. Es ist allerdings fraglich, ob der damit erreichte Rückgang der Geburtenrate kurz- bis mittelfristig ausreicht (s. dazu unten noch eine Anschlussüberlegung). Ein anderer Hinweis, den man zuweilen hört, ist, dass die Erforschung von Mitteln zur Verlängerung der Lebensspanne noch nicht deren Gebrauch bedeute. Man versetze nur zukünftige Generationen in die Lage zu entscheiden, ihr Leben zu verlängern oder so zu belassen, wie es ist.

Relativ selten werden solche Antworten allerdings von Zahlen untermauert. Ein Wissenschaftler, der sich die Mühe gemacht hat, den Einfluss einer Verlängerung der Lebensspanne auf die Bevölkerung tatsächlich einmal zu berechnen, ist John Davis, der zusammen mit dem Demographen Shahin Davoudpour den Einfluss sehr langer Lebenserwartung auf die Bevölkerungsentwicklung in seinem Buch *New Methuselahs* darlegt (vgl. Davis 2018). Entgegen anders lautender Aussagen von prominenten Figuren der Alternsforschung und auch aus anderen gesellschaftlichen Bereichen ist der Effekt einer erheblichen Verlängerung der Lebensspanne auf die Bevölkerung auch bei überschaubaren oder rückläufigen Geburtenraten zunächst sehr groß.

In den entsprechenden Berechnungen stellt sich heraus, dass bei moderaten Geburtenraten die Lebenserwartung einen ganz erheblichen Einfluss auf die Bevölkerungszahl hat. Dieses Ergebnis ist einfach zu erklären. Die

Bevölkerung nimmt durch Geburten zu und durch Tode ab. Wenn Menschen kaum mehr aus Altersgründen sterben, so sinkt die Zahl der Tode. Damit die Bevölkerungszahl nicht steigt, muss auch die Zahl der Geburten sinken.

Erst wenn man die Geburtenraten massiv reduziert, und zwar unterhalb des Niveaus von einem Kind pro Frau, wird ein drastischer Anstieg vermieden. Erst mittelfristig kann die Geburtenrate dann wieder so weit steigen, dass sie die normale Sterblichkeit durch Unfall oder Infektionskrankheiten oder andere verbleibende Todesursachen ausgleicht. Hält man hingegen die Geburtenrate auf einem moderaten, d. h. nahe dem Ersatzniveau der Fertilität von 2,1 Kindern pro Frau gelegenen Wert, so steigt die Bevölkerung bei der Verwendung von lebensverlängernden Maßnahmen sprunghaft an und stabilisiert sich – falls überhaupt – nur langsam auf extrem hohem Niveau.

Davis entwickelt auf der Grundlage seiner Berechnungen eine mögliche Regulierung der Geburtenrate für die nächsten Jahrzehnte bis Jahrhunderte, die darauf hinausläuft, das Recht, überhaupt Nachwuchs zu bekommen, in einer Art Losverfahren zu verteilen. Nach seiner Berechnung wird das Los höchstens auf jede zweite Person fallen und damit die Geburtenrate auf durchschnittlich ein halbes Kind pro Frau, d. h. ein Kind für jede zweite Frau oder für jedes zweite Paar, fixiert. Diese Politik wäre noch deutlich restriktiver als die berüchtigte Ein-Kind-Politik, die China für lange Zeit mit teilweise brutalen Maßnahmen durchgesetzt hat.

Das offenkundigste Problem in dieser Hinsicht ist, dass dies einen erheblichen Eingriff in die individuellen Grundrechte bedeuten würde. Die Vereinten Nationen haben sich 1976 darauf geeinigt, dass jede Person selbst über Fragen der Fortpflanzung entscheiden können muss. Artikel 12 des Reports der Weltkonferenz von 1976 besagt: „Jedes Paar und jeder und jede Einzelne hat das Recht, frei und verantwortungsbewusst zu entscheiden, ob es oder sie Kinder haben möchte oder nicht, sowie deren Anzahl und Abstände zu bestimmen, und über Informationen, Bildung und Mittel zu verfügen, um dies zu tun" (Vereinte Nationen 1976: Report of the World Conference of the International Women's Year, Art. 12, eigene Übers.). Hinter diesen Schutzstandard zurückzufallen, wäre nur durch katastrophale Umstände der Ressourcenknappheit zu rechtfertigen.

Abgesehen von den massiven Eingriffen in die Grundrechte muss man sich die Frage stellen, welchen Einfluss solch eine Politik auf die gelebte Gesellschaft hat. Die Geräusche tobender Kinder, Kinderlachen und auch der Lärm von spielenden Kindern in der Nachbarschaft dürften damit weitgehend verschwinden. Wir halten das für einen dramatischen Verlust für eine Gesellschaft. Und damit stehen wir auch nicht alleine da: Dass drastische Formen der Bevölkerungspolitik nämlich in ethischer Hinsicht problematisch sind, setzt sich mehr und mehr als Konsens durch. Das bedeutet, es müssen alternative Maßnahmen gesucht werden, um zu garantieren, dass die individuell so wünschenswerten verlängerten Lebensspannen nicht zur kollektiven Katastrophe werden. Dabei ist sicherlich an technische Maßnahmen zu denken, die den individuellen Ressourcenverbrauch drosseln, aber eben auch an soziale Maßnahmen, die es erlauben, in einer veränderten, vielleicht zunächst dichter bevölkerten und alternden Welt zusammenzuleben.

5.4 Fazit und Ausblick

Unsere Schlussfolgerung aus den individual- und sozialethischen Argumenten ist, vielleicht nach den letzten
etwas überraschend, die folgende: Die Entwicklung
von lebensverlängernden Maßnahmen sollte in der Tat
systematisch gesellschaftlich gefördert werden. Aber eben
nicht in dem gegenwärtig vorherrschenden Modus – d. h.
weitgehend frei von politischer, sozialwissenschaftlicher
und ethischer Begleitung. Im Moment ist die Entwicklung
einer der gesellschaftlich einflussreichsten Technologien
weitgehend dem Forschungsdrang und der politischen
und sozialen Einschätzung von Einzelindividuen und
privat geförderten Laboren überlassen. Ebenso ist die Verfügbarkeit der Ergebnisse dieser Forschung kaum geregelt.
Einige Substanzen sind verschreibungspflichtige Medikamente für andere Erkrankungen, andere sind in einem
Land Nahrungsergänzungsmittel, im anderen aber lediglich als Chemikalie erhältlich. Diese Struktur läuft darauf
hinaus, dass Lebenszeit, die zentrale Bedingung für alle
Güter, selbst wie ein Gut nach Marktgesetzen verteilt und
damit den ohnehin schon Begüterten zuerst und vielleicht
sogar ausschließlich zur Verfügung stehen wird.

In einem stärker und einheitlicher geförderten
Umfeld mit einer systematischen Begleitung durch Zivil-
gesellschaft und Politik sowie Expertinnen und Experten,
wenn es um rechtliche, soziale und ethische Fragen geht,
würde es möglich, lebensverlängernde Techniken so zu
entwickeln, dass gleichzeitig die erforderlichen sozialen
Maßnahmen und Strukturen vorbereitet werden können.
Wir sind hier noch nicht in der Lage, konkrete Strukturen
zu benennen. Es ist allerdings schon teilweise klar, in
welchen Bereichen Anpassungen erforderlich sein würden.
Und das sind in erster Linie der Zugang zu lebensverlängernden Mitteln, die Verteilung von Arbeit über die

Lebenszeit, die Sozial- insbesondere die Rentensysteme, die Anreizstruktur in der Familiengründung und die Verteilung von Bildungschancen über längere Zeiträume hinweg.

Unser Plädoyer für eine eingebettete Förderung der Altersforschung hat wiederum einen negativen und einen positiven Grund. Der negative besteht darin, dass wir nicht glauben, entsprechende Forschung könne unterdrückt werden. Sie lässt sich möglicherweise verzögern, sie lässt sich jenseits der Sicherheitsstandards moderner Forschungsinstitute in den Untergrund verdrängen. Aber damit wäre nichts gewonnen. Dann ist es doch besser, nach den besten Standards zu gestalten, was anderenfalls jenseits aller demokratisch legitimierter Kontrolle verlaufen würde.

Der positive Grund: Wir halten das Versprechen einer sehr langen Lebensspanne für so verheißungsvoll, dass nur katastrophale soziale Folgen uns daran hindern sollten, dieses Versprechen auch einzulösen. Wir sollten alles tun, um eine solche Katastrophe zu vermeiden und das Versprechen dennoch einzulösen. Dafür sind unseres Erachtens gesellschaftlich geförderte und eingebettete Forschungsstätten am besten geeignet. Wir halten es eher für besorgniserregend, wenn Menschen, die man danach fragt, ob sie gern noch weitere Jahrzehnte leben möchten, antworten, dass sie lieber sterben würden, als unter den erwartbaren Umständen weiterzuleben.

6

Ergebnisse

Die zentrale Herausforderung, die sich durch alle unsere
Fallstudien gezogen hat, stellt sich folgendermaßen dar:
Wir sehen in allen Bereichen technologischer Selbstoptimierung möglichen Nutzen für Einzelpersonen und
aufgrund von deren Leistung auch für die Gesellschaft als
Ganze. Andererseits droht die Verfügbarkeit von technologischen Mitteln der Selbstoptimierung gravierende
gesellschaftliche Veränderungen anzustoßen, die ohne
geeignete Regelungen hoch problematisch sein können.
Diese möglichen gesellschaftlichen Veränderungen werden
höchstwahrscheinlich bestehende Ungleichheiten massiv
verstärken.

Bereits jetzt ist es so, dass finanziell und sozial besser
gestellte Personen aufgrund besserer Ernährung, Gesund-
heitsversorgung, besserer Bildungsangebote und vieler
weiterer Faktoren körperliche und geistige Fertigkeiten
entwickeln können, die für andere nur schwer erreichbar

© Der/die Autor(en), exklusiv lizenziert an Springer-Verlag
GmbH, DE, ein Teil von Springer Nature 2022
J.-H. Heinrichs und M. Rüther, *Technologische Selbstoptimierung –
wie weit dürfen wir gehen?*, #philosophieorientiert,
https://doi.org/10.1007/978-3-662-65354-8_6

sind. Technologische Selbstoptimierung ist, wie die zurückliegenden Überlegungen gezeigt haben, in der Lage, diese Kluft noch zu vertiefen. Das ist nicht nur möglich, sondern wahrscheinlich, denn man kann fest damit rechnen, dass die meisten neuen technologischen Möglichkeiten zuerst den Bessergestellten zugutekommen. Daraus kann man unterschiedliche normative Schlussfolgerungen ziehen:

Die erste, und eventuell nächstliegende Möglichkeit ist, die Verbreitung dieser Technologien zu verzögern oder zu behindern. Je weniger Geld in deren Entwicklung fließt, je aufwendiger die Marktzulassung ist, je stärker reguliert die individuelle Verwendung ist, in je weniger Nationalstaaten die entsprechen Technologien überhaupt zugelassen werden etc., desto langsamer wird sich derlei verbreiten. Die Schlussfolgerung wäre also in gesellschaftlicher Hinsicht eine restriktive Gesetzgebung, erschwerte Zulassung, keine Forschungsförderung. Individuell würde das bedeuten, sich jenseits von Volksdrogen der technologischen Selbstoptimierung zu enthalten.

Die alternative mögliche Schlussfolgerung besteht darin, die Verbreitung solcher Technologien so zu gestalten, dass die befürchteten gesellschaftlichen Veränderungen entweder nicht eintreten oder ihrer Drastik beraubt werden. Mittel, um entstehende oder vertiefte Ungleichheiten zu verhindern, gibt es genug. Wir nutzen sie, wie in diesem Buch ausführlich beschrieben, schon heute: solidarische Finanzierungsmodelle, Subventionierungen für Schlechtergestellte, öffentliche Bildungssysteme etc.

Je nachdem, welche konkrete Technik und Verwendungsweise bewertet werden sollte, überwiegen Gründe für die erste Schlussfolgerung, nach der die Verbreitung eingeschränkt wird, oder für die zweite, nach der die negativen sozialen Folgen abgemildert werden sollten. Unsere Abwägung ist deshalb auch nicht zu einem einheitlichen Ergebnis für alle Formen der technologischen Selbstoptimierung gelangt, sondern zu einem differenzierten Bild:

1. Es gibt für das Individuum ernstzunehmende moralische Gründe, die gegen manche Arten von *Schönheitsoperationen* sprechen, insbesondere solche, die mit einer moralischen Komplizenschaft zu diskriminierendem Verhalten verbunden sind. Auf der gesellschaftlichen Ebene wird die moralische Komplizenschaft noch durch einen sozialen Druck zu Schönheitsoperationen verstärkt, welcher einem gerechten und fairen Zusammenleben im Wege steht. Bevor weder die moralische Komplizenschaft noch der soziale Druck hierzu aufgelöst worden sind, sind zwar nicht alle, aber doch einige Eingriffe in ethischer Hinsicht unter Vorbehalt zu stellen.

2. Im Bereich der *körperlichen Selbstverbesserungen* scheint uns darüber hinaus die Aussicht auf eine mögliche Zwei-Klassen-Gesellschaft ein besonders schlagkräftiges Gegenargument zu sein. Es ist nicht auszuschließen, dass eine vollkommene Legalisierung ohne weitere Vorkehrungen dazu führen könnte, dass ein System von Ungleichheit entsteht, welches sich insbesondere durch eine mangelnde Chancengleichheit in ökonomischer, beruflicher und moralischer Hinsicht auszeichnet. Unsere Strategie dafür ist die folgende: Es erscheint uns ratsam, gerade radikale Eingriffe nochmals auf den Prüfstand zu stellen. Darüber hinaus kann man in Betracht ziehen, zumindest moderate Formen der operativen Eingriffe zuzulassen, allerdings nur genau dann, wenn sie nicht die gleichen Effekte wie radikale Eingriffe haben.

3. Im Bereich des *Gehirndopings* halten wir es für erforderlich, möglichen Nutzerinnen und Nutzern einen

geschützten Raum rationaler Entscheidung zu gewähren. Das bedeutet, wir halten für das Inverkehrbringen von Mitteln des Gehirndopings hohe Sicherheits- und Informationsanforderungen für erforderlich. Darüber hinaus schlagen wir vor, mindestens dort, wo Gehirndoping erhebliche Wettbewerbsvorteile verschaffen kann, gemischte Finanzierungsformen zu suchen, die einen ungleichen Zugang verhindern. Das scheint uns die vielversprechendste Art zu sein, dafür zu sorgen, dass die möglichen Vorteile aus diesen Mitteln auch und besonders den bislang am schlechtesten Gestellten zugutekommen.

4. Die *Verlängerung von Lebensspannen* hat uns vor eine besondere Herausforderung gestellt. Sollten Forschung und Entwicklung in diesem Bereich erfolgreich sein, dann dürfte die Verwendung solcher Mittel nicht nur nicht aufzuhalten sein, sondern besondere Gerechtigkeitsanforderungen mit sich bringen. Mehr Lebenszeit ist immerhin die Bedingung aller anderen Güter des Lebens. Aus diesem Grund haben wir uns dafür ausgesprochen, die Entwicklung entsprechender Verfahren eng mit Forschung zum Umgang mit deren sozialen Auswirkungen zu verknüpfen. Unseres Erachtens finden entsprechende Bemühungen am besten dort statt, wo sie eng mit dem gesellschaftlichen Konsens abgeglichen werden können, das heißt in der akademischen und der staatlich geförderten Forschungslandschaft.

Radikale Veränderungen unseres Körpers, unserer mentalen Fähigkeiten oder unserer Lebensspanne können das Individuum und unsere Gesellschaft in fundamentaler Weise verändern. Ist es nicht irgendwann einmal ‚genug‘? Brauchen wir nicht mehr Demut angesichts unserer natürlichen Anlagen und Limitierungen? In diesem Buch haben wir dafür argumentiert, dass es kein verallgemeinerbares

„Es ist genug!" geben kann, sondern es vor allem auf den Einzelfall ankommt. Die Welt ist ein komplexer Ort. Dieser Komplexität gilt es auch in der ethischen Analyse gerecht zu werden.

Literatur

Ach, Johann S.: Komplizen der Schönheit? In: Johann S. Ach, Arnd Pollmann (Hg.): No body is perfect. Baumaßnahmen am menschlichen Körper – Bioethische und ästhetische Aufrisse. Bielefeld 2006, 187–206.

Ach, Johann S./Pollmann, Arnd: Einleitung. In: Dies. (Hg.): No body is perfect. Baumaßnahmen am menschlichen Körper – Bioethische und ästhetische Aufrisse. Bielefeld 2006, 9–17.

Ammicht Quinn, Regina: Glück – der Ernst des Lebens? Freiburg i. Br. 2006.

Baron, Marcia W./Pettit, Philip/Slote, Michael: Three Methods of Ethics: A Debate. Malden, Mass./Oxford 1997.

Beck, Birgit/Stroop, Barbara: A Biomedical Shortcut to (Fraudulent) Happiness? An Analysis of the Notions of Well-Being and Authenticity Underlying Objections to Mood Enhancement. In: Johnny H. Søraker, Jan-Willem Van der Rijt, Jelle de Boer, Pak-Hang Wong, Philip Brey (Hg.): Well-Being in Contemporary Society. Cham 2015, 115–134.

© Der/die Herausgeber bzw. der/die Autor(en), exklusiv lizenziert an Springer-Verlag GmbH, DE, ein Teil von Springer Nature 2022
J.-H. Heinrichs und M. Rüther, *Technologische Selbstoptimierung – wie weit dürfen wir gehen?*, #philosophieorientiert, https://doi.org/10.1007/978-3-662-65354-8

Birnbacher, Dieter: Verantwortung für zukünftige Generationen. Stuttgart 1988.

Birnbacher, Dieter: Natürlichkeit. Berlin 2006.

Bordo, Susan: Braveheart, Babe and the Contemporary Body. In: Erik Parens (Hg.): Enhancing Human Traits: Ethical and Social Implications. Washington D. C. 1998, 189–221.

Borkenhagen, Ada/Stirn, Aglaja/Brähler, Elmar: Schönheitsoperationen. In: Dies. (Hg.): Body Modification. Berlin 2013, 41–56.

Bostrom, Nick: Human Genetic Enhancements: A Transhumanist Perspective. In: Journal of Value Inquiry 37/4 (2003), 493–506.

Bostrom, Nick: Transhumanist Values. In: Journal of Philosophical Research, 30/Supplement (2005), 3–14.

Bostrom, Nick: Why I Want to Be a Posthuman When I Grow Up. In: Bert Gordijn, Ruth Chadwick (Hg.): Medical Enhancement and Posthumanity. Dordrecht 2008, 107–137.

Boto-García, David/Bucciol, Alessandro: Climate Change: Personal Responsibility and Energy Saving. In: Ecological Economics 169/C (2020). DOI: https://doi.org/10.1016/j.ecolecon.2019.106530.

Brock, Dan W.: Justice and the Severely Demented Elderly. In: Journal of Medicine and Philosophy 13/1 (1988), 73–99.

Brukamp, Kerstin: Ästhetische Chirurgie: Medizin, Psychotherapie, Dienstleistung? In: Beate Lüttenberg, Arianna Ferrari, Johann S. Ach (Hg.): Im Dienste der Schönheit. Interdisziplinäre Perspektiven auf die Ästhetische Chirurgie. Berlin 2011, 25–43.

Buchanan, Allen: Better than Human. The Promise and Perils of Enhancing Ourselves. New York 2011.

Buchanan, Allen/Brock, Dan W./Daniels, Norman/Wikler, Daniel: From Chance to Choice. Genetics and Justice. Cambridge 2000.

Bundesärztekammer: Koalition gegen den Schönheitswahn. Persönlichkeit ist keine Frage der Chirurgie. Pressemitteilung vom 26. Oktober 2004. In: https://www.presseportal.de/pm/9062/610547 (14.01.2022).

Bundeskriminalamt: Polizeiliche Kriminalstatistik 2020, Bund, Tabelle 20: Tatverdächtige insgesamt nach Alter und Geschlecht. In: https://www.bka.de/ DE/AktuelleInformationen/StatistikenLagebilder/ PolizeilicheKriminalstatistik/pks_node.html (19.01.2022).

Damm, Reinhard: Medizinrechtliche Aspekte der Ästhetischen Chirurgie. In: Beate Lüttenberg, Arianna Ferrari, Johann S. Ach (Hg.): Im Dienste der Schönheit. Interdisziplinäre Perspektiven auf die Ästhetische Chirurgie. Berlin 2011, 207–246.

Davies, Kathy: Reshaping the Female Body. The Dilemma of Cosmetic Surgery. New York/London 1995.

Davis, John K.: New Methuselahs: The Ethics of Life Extension. Harvard, Mass. 2018.

Degele, Nina: Sich schön machen. Zu Soziologie von Geschlecht und Schönheitshandeln. Wiesbaden 2004.

de Grey, A. D. N. J.: Life Extension, Human Rights, and the Rational Refinement of Repugnance. In: Journal of Medical Ethics 31/11 (2005), 659–663. DOI: https:// doi.org/10.1136/jme.2005.011957./e6199/e9682/e9684/ attr_objs9687/DAK_Gesundheitsreport_2009_ger.pdf (14.01.2022).

Deutsche Angestellten-Krankenkasse: DAK Gesundheitsreport 2009. In: https://www.iges.com/sites/igesgroup/iges.de/ myzms/content/e6/e1621/e10211/e6061/e6064.

Deutsche Bundesregierung: Bundestag-Drucksache 15/2289 – Verbraucherschutz im Bereich der Schönheitschirurgie. Antwort auf kleine Anfrage. Berlin 2003. In: https://dserver. bundestag.de/btd/15/022/1502289.pdf (14.01.2022).

DGÄPC: Schönheitschirurgie in Deutschland. Daten zu Schönheitsoperationen – Einschätzungen der Deutschen Gesellschaft für Ästhetisch-Plastische Chirurgie. 2015. In: https:// www.schoenheit-und-medizin.de/news/statistik/statistik-schoenheitschirurgie.html (13.12.2021).

Dräger, Jörg/Müller-Eiselt, Ralf: Wir und die intelligenten Maschinen: Wie Algorithmen unser Leben bestimmen und wir sie für uns nutzen können. München 2019.

Dresler, Martin/Sandberg, Anders/Bublitz, Christoph/Ohla, Kathrin/Trenado, Carlos/Mroczko-Wąsowicz, Aleksandra/ Kühn, Simone/Repantis, Dimitris: Hacking the Brain: Dimensions of Cognitive Enhancement. In: ACS Chemical Neuroscience 10/3 (2019), 1137–1148. DOI: https://doi.org/10.1021/acschemneuro.8b00571.

Elliott, Carl: The Tyranny of Happiness: Ethics and Cosmetic Psychopharmacology. In: Erik Parens (Hg.), Enhancing Human Traits. Ethical and Social Implications. Washington D. C. 1988, 177–188.

Ellison-Hughes, Georgina M.: First Evidence that Senolytics are Effective at Decreasing Senescent Cells in Humans. In: EBioMedicine 56 (2020). DOI: https://doi.org/10.1016/j.ebiom.2019.09.053.

Emanuel, Ezekiel J./Emanuel, Linda L.: Four Models of the Physician-Patient Relationship. In: JAMA 267/16 (1992), 2221–2226.

Eyre, Olga/Thapar, Anita: Common Adolescent Mental Disorders: Transition to Adulthood. In: The Lancet 383/9926 (2014), 1366–1368. DOI: https://doi.org/10.1016/S0140-6736(13)62633-1.

Fenner, Dagmar: Selbstoptimierung und Enhancement. Ein ethischer Grundriss. Tübingen 2019.

Ferrari, Arianna: Ästhetische Chirurgie an Erwachsenen. In: Beate Lüttenberg, Arianna Ferrari, Johann S. Ach (Hg.): Im Dienste der Schönheit. Interdisziplinäre Perspektiven auf die Ästhetische Chirurgie. Berlin 2011, 105–124.

Foucault, Michel: Von der Freundschaft als Lebensweise. Michel Foucault im Gespräch. Berlin 1984.

Franke, A. G./Bonertz, C./Christmann, M./Huss, M./ Fellgiebel, A./Hildt, E./Lieb, K.: Non-Medical Use of Prescription Stimulants and Illicit Use of Stimulants for Cognitive Enhancement in Pupils and Students in Germany. In: Pharmacopsychiatry 44/2 (2011), 60–66. DOI: https://doi.org/10.1055/s-0030-1268417.

Friele, Minou Bernadette: Moralische Komplizität in der medizinischen Forschung und Praxis. In: Urban Wiesing, Alfred Simon, Dietrich v. Engelhardt (Hg.): Ethik in der medizinischen Forschung. Stuttgart/New York 2000, 126–136.

Fröding, Barbro Elisabeth Esmeralda: Cognitive Enhancement, Virtue Ethics and the Good Life. In: Neuroethics 4/3 (2011), 223–234. DOI: https://doi.org/10.1007/s12152-010-9092-2.

Glannon, Walter: Identity, Prudential Concern, and Extended Lives. In: Bioethics, 16/3 (2002), 266–283. Doi: https://doi.org/10.1111/1467-8519.00285.

Gesang, Bernward: Perfektionierung des Menschen. Berlin 2007.

Giubilini, Alberto and Sanyal, Sagar: The Ethics of Human Enhancement. In: *Philosophy* Compass 10 (2015), 233–243. DOI: https://doi.org/10.1111/phc3.12208.

Gutmann Thomas/Quante Michael: Individual-, Sozial- und Institutionenethik. In: Ines-Jacqueline Werkner, Klaus Ebeling (Hg.): Handbuch Friedens-ethik. Wiesbaden 2017, 105–114. DOI: https://doi.org/10.1007/978-3-658-14686-3_9.

Gyngell, Chris: Enhancing the Species: Genetic Engineering Technologies and Human Persistence. In: Philosophy & Technology 25/4 (2012), 495–512. DOI: https://doi.org/10.1007/s13347-012-0086-3.

Harris, John: Enhancing Evolution: The Ethical Case for Making Better People. Princeton N. J. 2007.

Harris, John: Wonderwoman and Superman. The Ethics of Human Biotechnology. Oxford/New York 1992.

Hauskeller, Michael: Human Enhancement and the Giftedness of Life. In: Philosophical Papers 40/1 (2011), 55–79.

Haverkamp, Frith/Ranke, Micharel B.: The Ethical Dilemma of Growth Hormone Treatment of Short Stature: A Scientific Theoretical Approach. In: Hormone research, *51*/6 (1999), 301–304. doi: https://doi.org/10.1159/000023417.

Heinrichs, Bert/Heinrichs, Jan-Hendrik/Rüther, Markus: Künstliche Intelligenz. Berlin/New York 2022.

Heinrichs, Jan-Hendrik: Grundbefähigungen. Zum Verhältnis von Ethik und Ökonomie. Paderborn 2004.

Heinrichs, Jan-Hendrik: The Promises and Perils of Non-Invasive Brain Stimulation. In: International Journal of Law and Psychiatry 35/2 (2012), 121–129. DOI: https://doi.org/10.1016/j.ijlp.2011.12.006.

Heinrichs, Jan-Hendrik/Rüther, Markus/Stake, Mandy/Ihde, Julia: Neuroenhancement. Freiburg i. Br. 2022.

Herrmann, Beate: Schönheitsideal und medizinische Körpermanipulation. In: Ethik in der Medizin 18/1 (2006), 71–80.

Hersch, Joni/Viscusi, W. Kip: The Generational Divide in Support for Environmental Policies: European Evidence. In: Climatic Change, 77/1 (2006), 121–136. DOI: https://doi.org/10.1007/s10584-006-9074-x.

Hoebel, Jens/Kamtsiuris, Panagiotis/Lange, Cornelia/Müters, Stephan/Schilling, Ralph/von der Lippe, Elena: KOLIBRI – Studie zum Konsum leistungsbeeinflussender Mittel in Alltag und Freizeit. Ergebnisbericht. Berlin 2011. In: https://www.rki.de/DE/Content/Gesundheitsmonitoring/Studien/Weitere_Studien/Kolibri/kolibri.pdf?__blob=publicationFile (14.01.2022).

Ilieva, Irena/Boland, Joseph/Farah, Martha J.: Objective and Subjective Cognitive Enhancing Effects of Mixed Amphetamine Salts in Healthy People. In: Neuropharmacology 64 (2013), 496–505. DOI: https://doi.org/10.1016/j.neuropharm.2012.07.021.

Justice, Jamie N./Niedernhofer, Laura/Robbins, Paul D./Aroda, Vanita R./Espeland, Mark A./Kritchevsky, Stephen B./Kuchel, George A./Barzilai, Nir: Development of Clinical Trials to Extend Healthy Lifespan. In: Cardiovascular Endocrinology & Metabolism 7/4 (2018), 80–83. DOI: https://doi.org/10.1097/XCE.0000000000000159.

Kamieński, Łukasz: Shooting Up: A Short History of Drugs and War. Oxford/New York 2016.

Kang, Seokjo/Moser, V. Alexandra/Svendsen, Clive N./Goodridge, Helen S.: Rejuvenating the Blood and Bone Marrow to Slow Aging-associated Cognitive Decline and Alzheimer's Disease. In: Communications Biology 3/1 (2020), 69. DOI: https://doi.org/10.1038/s42003-020-0797-4.

Kant, Immanuel: Grundlegung zur Metaphysik der Sitten. Hg. von Bernd Kraft, Dieter Schönecker. Hamburg 1999 (Orig. 1785).

Kant, Immanuel: Metaphysische Anfangsgründe der Tugendlehre. Metaphysik der Sitten. Zweiter Teil. Hg. von Bernd Ludwig. 3., durchgesehene und verbesserte Auflage. Hamburg 2017 (Orig. 1797).

Kirkland, Anna/Tong, Rosemarie: Working Within Contradiction. The Possibility of Feminist Cosmetic Surgery. In: Journal of Clinical Ethics 7/2 (1996), 151–159.

Knell, Sebastian: Sollen wir sehr viel länger leben wollen? In: Sebastian Knell, Marcel Weber (Hg.): Länger leben? Philosophische und biowissenschaftliche Perspektiven. Frankfurt a. M. 2009, 117–151.

Köhler, Myrta: Stelarc: Zwischen Biologie und Technik. In: hautnah dermatologie 34/2 (2018), 66. DOI: https://doi.org/10.1007/s15012-018-2720-y.

Kreuels, Marianne: Über den vermeintlichen Wert der Sterblichkeit, Berlin 2015.

Kuchuk, Anna: Schönheitsoperationen zwischen Selbstbestimmung und Fremdorientierung. Wien 2009.

Lieb, Klaus: Hirndoping. Warum wir nicht alles schlucken sollten. Mannheim 2010.

Link, Jürgen: Erinnerungen an den (flexibel-)normalistischen Rahmen von Human-Optimierungsprozessen. In: Anna Sieben, Katja Sabisch-Fechtelpeter, Jürgen Straub (Hg.): Menschen machen. Die hellen und die dunklen Seiten humanwissenschaftlicher Optimierungsprogramme. Bielefeld 2012, 353–364.

Little, Margaret Olivia: Cosmetic Surgery, Suspect Norms and the Ethics of Complicity. In: Erik Parens (Hg.): Enhancing Human Traits: Ethical and Social Implications. Washington D. C. 1998, 162–176.

Locke, John: Versuch über den menschlichen Verstand. Band 1. Hamburg [4]2000 (Orig. 1690).

Loh, Janina: Trans- und Posthumanismus. Hamburg 2018.

Lu, Yuancheng/Brommer, Benedikt/Tian, Xiao/Krishnan, Anitha/ … /Sinclair, David A.: Reprogramming to Recover Youthful Epigenetic Information and Restore Vision. In: Nature, 588/7836 (2020), 124–129. DOI: https://doi.org/10.1038/s41586-020-2975-4.

Maasen, Sabine: Gut ist nicht gut genug. Selbstmanagement und Selbstoptimierung als Zwang und Erlösung. In: Kursbuch 48/171 (2008), 144–156.

Maher, Brendan: Poll Results: look who's Doping. In: Nature, 452/7188 (2008), 674–675. DOI: https://doi.org/10.1038/452674a.

Meili, Barbara: Experten der Grenzziehung – Eine empirische Annäherung an Legitimationsstrategien von Schönheitschirurgen zwischen Medizin und Lifestyle. In: Paula-Irene Villa (Hg.): schön normal. Manipulationen am Körper als Technologien des Selbst. Bielefeld 2008, 99–118.

Mill, John Stuart: Über die Freiheit. Hg. von Horst D. Brandt. Hamburg ²2011 (Orig. 1859).

Miller, Franklin/Brody, Howard/Chung, Kevin: Schönheitschirurgie und die Binnenmoral der Medizin. In: Bettina Schöne-Seifert, Davinia Talbot (Hg.): Enhancement. Die ethische Debatte. Paderborn 2009, 145–162.

Morgan, Kathryn Pauly: Women and the Knife: Cosmetic Surgery and the Colonization of Woman's Bodies. In: Hypatia 6/3 (1991), 25–53.

Naam, Ramez: More than Human. Embracing the Promise of Biological Enhancement. New York 2005.

Nagel, Thomas: What Is It Like to Be a Bat? In: The Philosophical Review 83/4 (1974), 435–450.

Nagel, Thomas: Death. In: Noûs 4/1 (1970), 73–80. DOI: https://doi.org/10.2307/2214297.

Nakagawa, Masato/Koyanagi, Michijo/Tanabe, Koji/Takahashi, Kazutoshi/ … /Yamanaka, Shinya: Generation of Induced Pluripotent Stem Cells without Myc from Mouse and Human Fibroblasts. In: Nature Biotechnology 26/1 (2008), 101–106. DOI: https://doi.org/10.1038/nbt1374.

OECD (2018): Equity in Education: Breaking Down Barriers to Social Mobility. Paris. DOI: https://doi.org/10.1787/9789264073234-en.

Overall, Christine: Aging, Death, and Human Longevity. A Philosophical Inquiry. Berkeley, Cal. 2003.

Parens, Erik: Authenticity and Ambivalence. In: Hastings Center Report 35/5 (2005), 34–41.

President's Council on Bioethics (U.S.): Beyond Therapy: Biotechnology and the Pursuit of Happiness. Washington, D. C. 2003.

Prudhomme, Marie: SIENNA D3.5: Public Views of Human Enhancement Technologies in 11 EU and non-EU Countries. 2020. DOI: https://doi.org/10.5281/zenodo.4068194.

Rawls, John: Eine Theorie der Gerechtigkeit. Frankfurt a. M. 1975 (Orig. 1971).

Repantis, Dimitris/Laisney, Oona/Heuser, Isabella: Acetylcholinesterase Inhibitors and Memantine for Neuroenhancement in Healthy Individuals: A Systematic Review. In: Pharmacological Research 61/6 (2010), 473–481. DOI: https://doi.org/10.1016/j.phrs.2010.02.009.

Repantis, Dimitris/Schlattmann, Peter/Laisney, Oona/Heuser, Isabella (2009). Antidepressants for Neuroenhancement in Healthy Individuals: a Systematic Review. In: Poiesis & Praxis 6/3 (2009), 139–174. DOI: https://doi.org/10.1007/s10202-008-0060-4.

Repantis, Dimitris/Schlattmann, Peter/Laisney, Oona/Heuser, Isabella (2010). Modafinil and Methylphenidate for Neuroenhancement in Healthy Individuals: A Systematic Review. In: Pharmacological Research 62/3 (2010), 187–206. DOI: https://doi.org/10.1016/j.phrs.2010.04.002.

Rohde-Dachser, Christina: Im Dienste der Schönheit. In: Matthias Kettner (Hg.): Wunscherfüllende Medizin. Ärztliche Behandlung im Dienste von Selbstverwirklichung und Lebensplanung. Frankfurt a. M. 2009, 209–228.

Ruck, Nora: Zur Normalisierung von Schönheit und Schönheitschirurgie. In: Anna Sieben, Katja Sabisch-Fechtelpeter, Jürgen Straub (Hg.): Menschen machen. Die hellen und die dunklen Seiten humanwissenschaftlicher Optimierungsprogramme. Bielefeld 2012, 79–106.

Rüther, Markus/Heinrichs, Jan-Hendrik: Human Enhancement: Deontological Arguments. In: Zeitschrift für Ethik und Moralphilosophie 2 (2019), 161–178.

Rüther, Markus/Reichardt, Bastian: Naturalismus. In: Handbuch Handlungstheorie. Hg. von Michael Kühler, Markus Rüther. Stuttgart 2016, 316–326.

Rüther, Markus: Sinn im Leben. Eine ethische Theorie. Frankfurt a. M. 2022.

Sandel, Michael: The Case Against Perfection. Cambridge, Mass. 2007.

Sattler, Sebastian/Mehlkop, Guido/Graeff, Peter/Sauer, Carsten: Evaluating the Drivers of and Obstacles to the Willingness to use Cognitive Enhancement Drugs: the Influence of Drug Characteristics, Social Environment, and Personal Characteristics. In: Substance Abuse Treatment, Prevention, and Policy 9/1 (2014), 8. DOI: https://doi.org/10.1186/1747-597X-9-8.

Scharschmidt, Dagmar: Minimalinvasive schönheitschirurgische Eingriffe. In: Ada Borkenhagen, Aglaja Stirn, Elmar Brähler (Hg.): Body Modification. Berlin 2014, 57–67.

Schermer, Maartje: Enhancements, Easy Shortcuts, and the Richness of Human Activities. In: Bioethics 22/7 (2008), 355–363. DOI: https://doi.org/10.1111/j.1467-8519.2008.00657.x.

Schramme, Thomas (2006). Freiwillige Verstümmelung. In: Johann S. Ach, Arnd Pollmann (Hg.): no body is perfect. Baumaßnahmen am menschlichen Körper – Bioethische und ästhetische Aufrisse. Bielefeld, 187–206.

Shusterman, Richard (1994). Die Sorge um den Körper in der heutigen Kultur. In: Andreas Kuhlmann (Hg.): Philosophische Ansichten der Kultur der Moderne. Frankfurt a. M., 241–277.

Siep, Ludwig: Konkrete Ethik. Grundlagen der Natur- und Kulturethik. Frankfurt a. M. 2004.

Siep, Ludwig: Die biotechnische Neuerfindung des Menschen. In: Johann S. Ach, Arnd Pollmann (Hg.): no body is perfect. Baumaßnahmen am menschlichen Körper – Bioethische und ästhetische Aufrisse. Bielefeld 2006, 21–42.

Silver, Lee M.: Remaking Eden: Cloning and Beyond in a Brave New World. New York [1]1997.

Sinclair, David A./LaPlante, Matthew D.: Lifespan. Why We Age – and Why We Don't Have To. New York 2019.

Straub, Jürgen: Der naturalisierte und programmierte Mensch. In: Anna Sieben, Katja Sabisch-Fechtelpeter, Jürgen Straub (Hg.): Menschen machen. Die hellen und die dunklen Seiten humanwissenschaftlicher Optimierungsprogramme. Bielefeld 2012, 107–142.

Stroop, Barbara: Traurige Entlein und glückliche Schwäne? Glück in der Debatte um ästhetisch-chirurgische Eingriffe als Enhancement. In: Beate Lüttenberg, Arianna Ferrari, Johann S. Ach (Hg.): Im Dienste der Schönheit. Interdisziplinäre Perspektiven auf die Ästhetische Chirurgie. Berlin 2011, 125–142.

Suda, Masayoshi/Shimizu, Ippei/Katsuumi, Goro/Yoshida, Yohko/Hayashi, Yuka/Ryutaro Ikegami/ … /Minamino, Tohru: Senolytic Vaccination Improves Normal and Pathological Age-related Phenotypes and Increases Lifespan in Progeroid Mice. In: Nature Aging 1/12 (2021), 1117–1126.

Synofzik, Matthis/Schlaepfer, Thomas E.: Stimulating Personality: Ethical Criteria for Deep Brain Stimulation in Psychiatric Patients and for Enhancement Purposes. In: Biotechnology Journal, 3/12 (2008), 1511–1520. DOI: https://doi.org/10.1002/biot.200800187.

VÄDPC: VDÄPC-Statistik: Zahlen, Fakten und Trends in der Ästhetisch-Plastischen Chirurgie. Pressemitteilung vom 27. März 2020. In: https://vdaepc.de/vdaepc-statistik-zahlen-fakten-und-trends-in-der-aesthetisch-plastischen-chirurgie/ (13.12.2021).

Vereinte Nationen: Report of the World Conference of the International Women's Year, Mexico City, 19 June-2 July 1975, New York: UN, 1976

Vita-More, Natasha: Aesthetics of the Radically Enhanced Human. In: *Technoetic Arts* 8/2 (2010), 207–214.

Wasserman, David: When Bad People Do Good Things. Will Moral Enhancement Make the World a Better Place? In: Journal of Medical Ethics 40/6 (2014), 374–375. DOI: https://doi.org/10.1136/medethics-2012-101094.

Wikler, Daniel: Paternalism in the Age of Cognitive Enhancement: Do Civil Liberties Presuppose Roughly Equal Mental Ability? In: Julian Savulescu, Nick Bostrom (Hg.): Human Enhancement. Oxford/New York 2010, 341–355.

Williams, Bernard: The Makropulos Case: Reflections on the Tedium of Immortality. In: John Martin Fischer (Hg.): The Metaphysics of Death. Stanford 1993, 73–92.

Printed in the United States
by Baker & Taylor Publisher Services